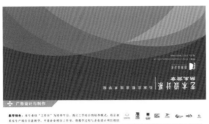

折页广告设计

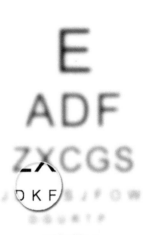

使用剪贴蒙版制作光盘　　利用图层、规则选区制作光盘

放大镜动画

网站主页设计

房产招贴广告

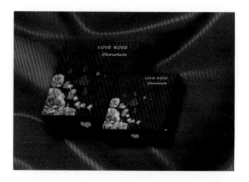

书籍护封

包装装潢设计

Photoshop矢量风格

水晶按钮

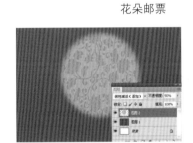

花朵邮票

运动会招贴画

新年明信片

名片

云雾效果　　　　　　　　　　　　　　水上城市

用"抽出"滤镜抠婚纱

金属字　　　　　　　　点阵字　　　　　　　　火焰字

"十二五"职业教育国家规划教材
经全国职业教育教材审定委员会审定

Photoshop
项目实践教程 （第五版）

新世纪高职高专教材编审委员会 组编

主 编 李 征

副主编 赵爱涛 李佳晔

参 编 成 卓 孙园园 穆 枫 史晓甜
　　　谢 礼 陈 征 闫炳信

微课版

配"十二五"
国家重点电子出版物

大连理工大学出版社

图书在版编目(CIP)数据

Photoshop 项目实践教程 / 李征主编. — 5 版. —
大连：大连理工大学出版社，2017.9(2020.1 重印)
新世纪高职高专数字媒体系列规划教材
ISBN 978-7-5685-1049-3

Ⅰ．①P… Ⅱ．①李… Ⅲ．①图象处理软件－高等职
业教育－教材 Ⅳ．①TP391.413

中国版本图书馆 CIP 数据核字(2017)第 197753 号

大连理工大学出版社出版

地址：大连市软件园路 80 号　邮政编码：116023
发行：0411-84708842　邮购：0411-84708943　传真：0411-84701466
E-mail：dutp@dutp.cn　URL：http://dutp.dlut.edu.cn
辽宁泰阳广告彩色印刷有限公司印刷　　大连理工大学出版社发行

幅面尺寸：185mm×260mm　印张：15.25　插页：2　字数：390 千字
附件：光盘 1 张
2004 年 8 月第 1 版　　　　　　　　　2017 年 9 月第 5 版
2020 年 1 月第 4 次印刷

责任编辑：马　双　　　　　　　　　　责任校对：王晓梅
封面设计：张　莹

ISBN 978-7-5685-1049-3　　　　　　　　　定　价：39.80 元

本书如有印装质量问题，请与我社发行部联系更换。

总　　序

　　我们已经进入了一个新的充满机遇与挑战的时代,我们已经跨入了 21 世纪的门槛。

　　20 世纪与 21 世纪之交的中国,高等教育体制正经历着一场缓慢而深刻的革命,我们正在对传统的普通高等教育的培养目标与社会发展的现实需要不相适应的现状作历史性的反思与变革的尝试。

　　20 世纪最后的几年里,高等职业教育的迅速崛起,是影响高等教育体制变革的一件大事。在短短的几年时间里,普通中专教育、普通高专教育全面转轨,以高等职业教育为主导的各种形式的培养应用型人才的教育发展到与普通高等教育等量齐观的地步,其来势之迅猛,发人深思。

　　无论是正在缓慢变革着的普通高等教育,还是迅速推进着的培养应用型人才的高职教育,都向我们提出了一个同样的严肃问题:中国的高等教育为谁服务,是为教育发展自身,还是为包括教育在内的大千社会? 答案肯定而且唯一,那就是教育也置身其中的现实社会。

　　由此又引发出高等教育的目的问题。既然教育必须服务于社会,它就必须按照不同领域的社会需要来完成自己的教育过程。换言之,教育资源必须按照社会划分的各个专业(行业)领域(岗位群)的需要实施配置,这就是我们长期以来明乎其理而疏于力行的学以致用问题,这就是我们长期以来未能给予足够关注的教育目的问题。

　　众所周知,整个社会由其发展所需要的不同部门构成,包括公共管理部门如国家机构、基础建设部门如教育研究机构和各种实业部门如工业部门、商业部门,等等。每一个部门又可作更为具体的划分,直至同它所需要的各种专门人才相对应。教育如果不能按照实际需要完成各种专门人才培养的目标,就不能很好地完成社会分工所赋予它的使命,而教育作为社会分工的一种独立存在就应受到质疑(在市场经济条件下尤其如此)。可以断言,按照社会的各种不同需要培养各种直接有用人才,是教育体制变革的终极目的。

随着教育体制变革的进一步深入,高等院校的设置是否会同社会对人才类型的不同需要一一对应,我们姑且不论,但高等教育走应用型人才培养的道路和走研究型(也是一种特殊应用)人才培养的道路,学生们根据自己的偏好各取所需,始终是一个理性运行的社会状态下高等教育正常发展的途径。

高等职业教育的崛起,既是高等教育体制变革的结果,也是高等教育体制变革的一个阶段性表征。它的进一步发展,必将极大地推进中国教育体制变革的进程。作为一种应用型人才培养的教育,它从专科层次起步,进而应用本科教育、应用硕士教育、应用博士教育……当应用型人才培养的渠道贯通之时,也许就是我们迎接中国教育体制变革的成功之日。从这一意义上说,高等职业教育的崛起,正是在为必然会取得最后成功的教育体制变革奠基。

高等职业教育还刚刚开始自己发展道路的探索过程,它要全面达到应用型人才培养的正常理性发展状态,直至可以和现存的(同时也正处在变革分化过程中的)研究型人才培养的教育并驾齐驱,还需要假以时日;还需要政府教育主管部门的大力推进,需要人才需求市场的进一步完善发育,尤其需要高职教学单位及其直接相关部门肯于做长期的坚忍不拔的努力。新世纪高职高专教材编审委员会就是由全国100余所高职高专院校和出版单位组成的、旨在以推动高职高专教材建设来推进高等职业教育这一变革过程的联盟共同体。

在宏观层面上,这个联盟始终会以推动高职高专教材的特色建设为己任,始终会从高职高专教学单位实际教学需要出发,以其对高职教育发展的前瞻性的总体把握,以其纵览全国高职高专教材市场需求的广阔视野,以其创新的理念与创新的运作模式,通过不断深化的教材建设过程,总结高职高专教学成果,探索高职高专教材建设规律。

在微观层面上,我们将充分依托众多高职高专院校联盟的互补优势和丰裕的人才资源优势,从每一个专业领域、每一种教材入手,突破传统的片面追求理论体系严整性的意识限制,努力凸现高职教育职业能力培养的本质特征,在不断构建特色教材建设体系的过程中,逐步形成自己的品牌优势。

新世纪高职高专教材编审委员会在推进高职高专教材建设事业的过程中,始终得到了各级教育主管部门以及各相关院校相关部门的热忱支持和积极参与,对此我们谨致深深谢意,也希望一切关注、参与高职教育发展的同道朋友,在共同推动高职教育发展、进而推动高等教育体制变革的进程中,和我们携手并肩,共同担负起这一具有开拓性挑战意义的历史重任。

新世纪高职高专教材编审委员会

2001 年 8 月 18 日

前　　言

　　《Photoshop 项目实践教程》(第五版)是"十二五"职业教育国家规划教材、普通高等教育"十一五"国家级规划教材、高职高专计算机教指委优秀教材,也是新世纪高职高专教材编审委员会组编的数字媒体系列规划教材之一。

　　本教材作者团队由全国教学经验丰富、行业背景深厚的高职院校一线"双师型"教师和知名企业专家共同组成,融"理论知识、实践技能、行业经验"于一体。教材内容注重和职业岗位相结合,遵循职业能力培养基本规律,以工作岗位需要为依据,以企业项目为平台,以典型工作任务为载体,以工作过程为导向,构建 Photoshop 图像处理课程体系,由简单到复杂,由单一到综合,设置标志设计、明信片、招贴设计、数码相片处理、企业宣传折页设计等典型工作任务内容。

　　本教材分为九个模块,内容框架为"完成过程＋相关知识＋经验指导＋拓展训练",每个模块以企业项目为平台,以典型工作任务为载体,引领软件知识点的学习,使学生掌握所需的基本理论和技能。教材内容的设计同时兼顾融入行业经验与有机嵌入职业标准,拓展学生的自主和合作学习的能力,不但为学生未来可持续发展的能力培养奠定坚实的基础,也为教师个性化教学提供更多的资源和选择。

　　本教材由石家庄职业技术学院李征教授任主编,负责整书思路、整体框架和大纲的编写,石家庄职业技术学院赵爱涛、李佳晔任副主编,石家庄职业技术学院成卓、孙园园、穆枫、史晓甜、陈征,黑龙江生态工程职业学院谢礼和瓢虫企划设计艺术总监闫炳信参与教材编写工作。具体分工如下:模块 1、2 由孙园园、成卓编写;模块 3、5、6 由李佳晔、李征编写;模块 4、7、8 由赵爱涛、李征编写;模块 9 由李征编写。成卓、穆枫、史晓甜、谢礼、陈征负责微课脚本制作和录制工作。闫炳信负责项目编审。

　　本教材根据国家职业资格考试及平面设计图像制作员认证考试要求,突出实际、实用、实践等高职教学特点,妥善处理能力、知识、素质全面协调发展的关系,着重培养学生的综合职业能力。

　　本教材是立体化教材,充分利用现代化的教学手段和教学资源辅助教学,图、文、声、像等多媒体并用。本书配有微课、教学案例视频、案例素材、课件、项目库、课程标准、课程教学实施计划表等资源,具备丰富的教学资源保障,能够极大地激发学生的学习兴趣,提升教学效果,为本课程和相关专业的教学改革奠定坚实的基础。

　　本教材适合广大 Photoshop 初学者以及有志于从事平面广告设计、包装设计、插画设计、网页制作、三维动画设计、影视广告设计等工作人员使用,也适合高等院校相关专业的学生和各类培训班的学员参考阅读。

编　者
2017 年 9 月

所有意见和建议请发往:dutpgz@163.com
欢迎访问教材服务网站:http://www.dutpbook.com
联系电话:0411-84707492　84706104

目 录

模块 01

Photoshop的基本认知

教学目标

Photoshop 作为一款功能强大的图像处理软件,它可以方便美术设计人员为自己的作品添加无限的艺术魅力;为摄影师提供颜色校正、颜色润饰、瑕疵修复等各种工具;为平面广告、建筑及装饰装潢等各个行业的设计人员提供多种图像处理手段,设计出如广告、招贴、宣传画和包装设计等各种类型的平面作品。

我们通过"Photoshop CS5 软件的安装、启动与退出""设置Photoshop CS5 的工作界面""文件的基本操作与辅助工具的使用"三个任务的学习,掌握 Photoshop CS5 提供的基本使用方法,能够熟练使用 Photoshop CS5 进行平面设计。

教学要求

知识要点	能力要求	关联知识
Photoshop CS5 的安装、启动与退出	掌握	相关安装属性的设置 软件的启动 软件的退出
Photoshop CS5 的工作界面	掌握	图像的基本操作方法
文件基本操作与辅助工具使用	掌握	软件辅助工具

任务 1　Photoshop CS5 的安装、启动与退出

微课1

PhotoshopCS5 软件
的安装启动与退出

任务目标：

1. 掌握 Photoshop CS5 的安装方法。
2. 学会 Photoshop CS5 的启动方法。
3. 学会 Photoshop CS5 的退出方法。

任务说明：

本任务主要介绍中文版 Photoshop CS5 的安装、启动与退出方法，通过本任务的学习，可以快速掌握 Photoshop CS5 的基本操作方法。

 完成过程

步骤 1　安装 Photoshop CS5

将 Photoshop CS5 的安装光盘放入电脑光驱，双击鼠标启动"Set-up. exe"安装程序，进入安装界面，如图 1-1-1 所示，根据相关安装提示完成 Photoshop CS5 的安装。

图 1-1-1　选择"Set-up. exe"进入安装界面

步骤 2　启动 Photoshop CS5

成功安装 Photoshop CS5 后，选择"开始"→"所有程序"→"Adobe Photoshop CS5"命令，或用鼠标双击桌面上的 Photoshop CS5 快捷方式图标启动 Photoshop CS5，进入到 Photoshop CS5 的工作界面中，如图 1-1-2 所示。

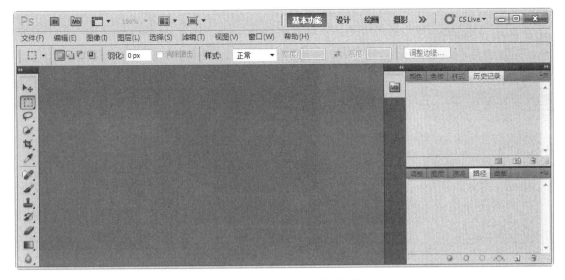

图 1-1-2　Photoshop CS5 的工作界面

步骤 3　退出 Photoshop CS5

选择"文件"→"退出"命令或按【Ctrl＋Q】快捷键,或单击工作界面标题栏右上角的"关闭"按钮 ![x] 退出。

　相关知识

中文版的 Photoshop CS5 是 Adobe 公司出品的 Photoshop 软件较新的版本,它在原有功能基础上进行了优化和升级,运行时,在 Windows 操作系统下,系统需要达到以下标准:

(1)Intel Pentium 4 或 AMD Athlon 64 处理器。

(2)2 GB 内存。

(3)1024×768 分辨率的屏幕(推荐 1280×800),配备符合条件的硬件加速 OpenGL 图形卡、16 位颜色和 256 MB VRAM,某些 GPU 加速功能需要 Shader Model 3.0 和 OpenGL 2.0 图形支持。

(4)DVD-ROM 驱动器。

任务 2　设置 Photoshop CS5 的工作界面

任务目标:

1.掌握交互图标的设置方法。

2.学会按钮响应交互的设计。

微课2

设置 PhotoshopCS5
工作界面

任务说明：

Photoshop CS5 的界面主要由标题栏、菜单栏、工具栏、工具属性栏、面板组以及状态栏等几个主要部分组成。只有我们熟练掌握了各组成部分的基本名称和功能后，才可以对图形图像进行熟练自如的操作，如图 1-2-1 所示为 Photoshop CS5 的工作界面。

图 1-2-1　Photoshop CS5 的工作界面

完成过程

步骤 1　标题栏的操作

标题栏可以对图像文件进行各类编辑操作。可以通过选择标题栏相关按钮，对图像进行快速便捷的编辑操作，如图 1-2-2 所示。

图 1-2-2　Photoshop CS5 的标题栏

步骤 2　菜单栏的操作

菜单栏主要提供了进行图像处理所需的所有菜单命令。单击任何一个菜单，都会弹出相应的下拉菜单，选择相应命令可完成大部分的图像编辑处理工作，如图 1-2-3 所示。

文件(F)	编辑(E)	图像(I)	图层(L)	选择(S)	滤镜(T)	分析(A)	3D(D)	视图(V)	窗口(W)	帮助(H)
新建(N)...					Ctrl+N					
打开(O)...					Ctrl+O		宽度		高度	调整达

图 1-2-3　Photoshop CS5 的菜单栏

步骤 3　工具栏的操作

工具栏主要提供各种图像绘制和处理工具,单击每个工具选项即可选中,按住右下角带有黑色小三角形的工具即可看到工具组的其他工具选项,如图 1-2-4 所示。

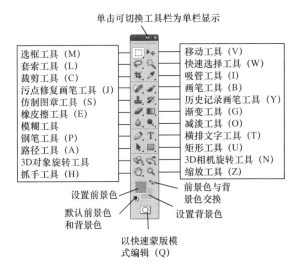

图 1-2-4　Photoshop CS5 的工具栏

步骤 4　工具属性栏的操作

用户在工具栏中选择工具后,菜单栏下方的工具属性栏就会显示当前工具的相应属性和参数,以方便用户进行相关编辑,如图 1-2-5 所示为画笔工具的相关属性显示。

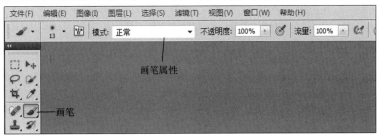

图 1-2-5　Photoshop CS5 的工具属性栏

步骤 5　面板组的操作

面板具有伸缩、拆分、组合功能,这些功能有利于用户便捷地进行面板选项的操作。

(1)伸缩面板

面板可以进行伸缩操作,对于已展开的面板,单击其顶部的扩展按钮,可以将其收缩为图标状态,如图 1-2-6 所示。

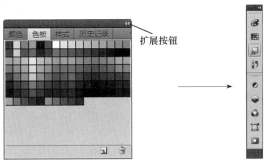

图 1-2-6　Photoshop CS5 的伸缩面板

（2）拆分面板

拆分面板时，可以按住鼠标左键选中对应的卷标，将它拖至工作区中的空白位置，如图
1-2-7 所示，即可将面板进行拆分。

（a）拆分面板拖动前

（b）拆分面板拖动中

（c）拆分面板拖动后

图 1-2-7   Photoshop CS5 的拆分面板

（3）组合面板

组合面板时，可按住鼠标左键将面板卷标拖至所需位置，直至该位置出现蓝色光边，释放
鼠标左键，即可完成面板的组合操作，如图 1-2-8 所示。

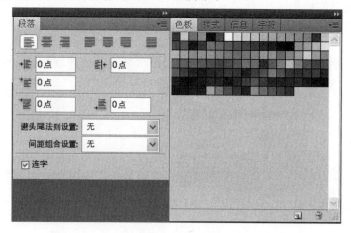

（a）组合面板拖动前

 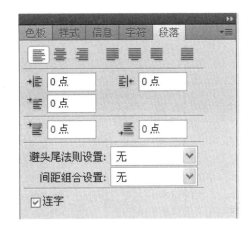

(b)组合面板拖动中　　　　　　　　　(c)组合面板拖动后

图 1-2-8　Photoshop CS5 的组合面板

步骤 6　图像窗口

图像窗口是指 Photoshop CS5 工作界面中打开的图像窗口,其中显示了该图像文件的内容,是对图像进行浏览和编辑操作的主要场所。图像窗口标题栏中的 **PS** 12641471868043.jpg @ 100%(RGB/8#) 显示了该图像文件的文件名、图像格式、比例大小、色彩模式的信息。

步骤 7　状态栏

状态栏位于图像窗口的底部,一般显示当前图像的比例、大小以及当前工具使用提示或工作状态等提示信息,如图 1-2-9 所示。

图 1-2-9　Photoshop CS5 的状态栏

相关知识

Photoshop CS5 的常用优化设置。

❶ 自定义工作界面

Photoshop CS5 为我们提供了基本功能、设计、绘画、摄影四种不同的工作界面,同时,我们可以手动进行删减、增加面板,调整面板位置来设计自己的工作界面,完成后,选择“窗口”→“工作区”→“新建工作区”命令进行工作区的存储。

❷ 自定义快捷键

选择“编辑”→“键盘快捷键”命令,打开“键盘快捷键和菜单”对话框,如图 1-2-10 所示。选择打开相应菜单选项后,再单击需要添加或修改的快捷键命令,即可输入新快捷键。

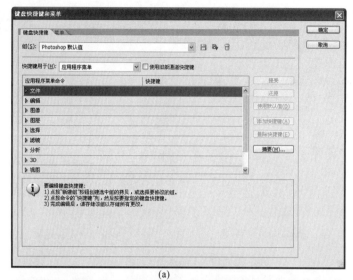

(a)

(b)

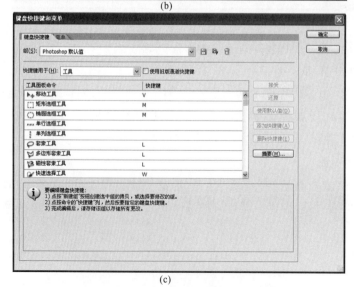

(c)

图 1-2-10　Photoshop CS5 中自定义快捷键

3 "编辑"→"首选项"下的子菜单中各个选项的设置

选择"编辑"→"首选项"→"常规"命令,打开如图 1-2-11 所示的对话框,用户可以根据需求,调整里面所包含的各类选项。

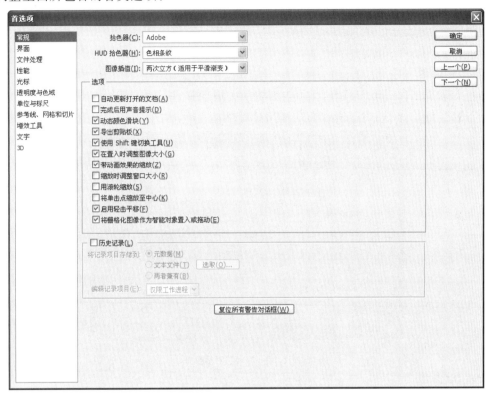

图 1-2-11　Photoshop CS5 中的常规命令面板

任务 3　文件的基本操作与辅助工具的使用

任务目标:

1.掌握图像文件和图像窗口的基本操作技巧。

2.学会图像和画布大小的调整方法。

3.学会编辑图像常用的辅助工具。

微课 3

文件的基本操作与
辅助工具的使用

任务说明:

本任务主要介绍在 Photoshop CS5 中对文件的基本操作方法,主要包括图像文件的新建、打开和保存等基本操作,文件浏览器的使用,图像窗口的基本操作,图像大小和画布的调整以及图层的基本操作,同时还介绍在编辑图像时常用辅助工具的使用以及撤销与重做操作。

完成过程

步骤 1 图像文件的基本操作

（1）新建图像文件

当我们需要创作一个作品时，必须先新建一个图像文件。选择"文件"→"新建"命令或按【Ctrl＋N】键，打开如图 1-3-1 所示的"新建"对话框。

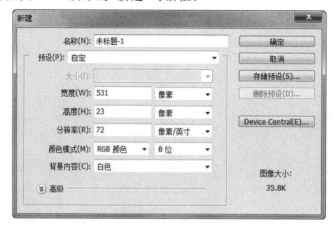

图 1-3-1 "新建"对话框

（2）存储图像文件

新建或打开图像文件后，对图像编辑完毕后或在其过程中应随时对编辑的图像文件进行存储，以免因意外情况造成不必要的损失。

①存储新图像文件

对于新图像文件第一次存储时选择"文件"→"存储为"命令，在打开的"存储为"对话框中需指定保存位置、保存文件名和文件类型，操作界面如图 1-3-2 所示。

图 1-3-2 存储文件设置

②直接存储图像文件

在 Photoshop 中打开已有的图像文件后对其进行了编辑，如果只需将修改部分保存到原文件中并覆盖原文件，可以选择"文件"→"存储"命令或按【Ctrl＋S】键即可。

③存储为 Web 格式

如果需将图像存储为 Web 格式，可以选择"文件"→"存储为 Web 所用格式"命令，打开"存储为 Web 所用格式"对话框，在该对话框中对图像文件进行适当设置，然后存储即可。

（3）打开图像文件

选择"文件"→"打开"命令或按【Ctrl＋O】键，打开如图 1-3-3 所示的"打开"对话框。

在"查找范围"下拉列表框中找到文件存放的路径，选择要打开的图像文件，单击【打开】按钮，即可打开图像文件。

图 1-3-3　"打开"对话框

（4）关闭图像文件

单击需关闭图像的窗口右上角的"关闭"按钮或按【Ctrl＋W】键可关闭当前图像文件窗口。

（5）恢复图像文件

在处理图像过程中，如果出现了误操作，可以选择"文件"→"恢复"命令将图像效果恢复到最后一次保存时的状态，并不能完全恢复。因此，在实际操作中常通过"历史记录"面板来恢复操作。

（6）置入图像文件

选择"文件"→"置入"命令，在打开的"置入"对话框中指定文件位置和文件名，然后单击【置入】按钮，即可将文件图像置入到软件中，如图 1-3-4 所示。

图 1-3-4 "置入"对话框

步骤 2 使用文件浏览器管理文件

文件浏览器可以快速查找、观看所支持的各类图像文件信息，如需要打开图像文件，双击该文件即可在软件中打开图像。

选择"文件"→"在 Bridge 中浏览"命令，或单击工具属性栏右侧的 ▦ 按钮，或按【Shift＋Ctrl＋O】键，都可以打开文件浏览器，基本操作界面如图 1-3-5 所示。

图 1-3-5 文件浏览器界面

步骤 3　图像窗口的基本操作

（1）切换图像窗口

在 Photoshop CS5 中只能对当前图像窗口进行操作，当图像窗口处于非最大化状态时，单击需切换至窗口的可见部分即可完成切换。如果图片均处于最大化状态，如图 1-3-6 所示，只需单击 >> 按钮，选中相关的图片名称即可完成图像切换。

图 1-3-6　切换图像窗口

（2）新建图像窗口

选择"窗口"→"排列"→"为（文件名）新建窗口"命令可新建图像窗口，如图 1-3-7 所示。新建图像窗口后，可以在新建的图像窗口中放大图像显示，而在原来未放大的窗口中观察修改效果。

（3）排列图像窗口

使用"窗口"→"排列"命令中子菜单提供的排列方式可以排列 Photoshop CS5 中打开的多个图像窗口，可以用图 1-3-7 所示的几种常用方式调整图像信息。

（4）放大与缩小图像显示

①单击工具箱中的"缩放工具" 🔍。

②按住鼠标进行拖动后会出现一个矩形区域，待需要放大的区域全部显示在矩形区域内时，释放鼠标即可对图像进行局部放大显示。

（5）设置图像显示模式

如图 1-3-8 所示打开标题栏中屏幕模式选项的下拉菜单，可以选择图像的显示模式。

图 1-3-7　排列图像窗口　　　　图 1-3-8　设置图像显示模式

步骤 4　图像和画布大小的调整

图像大小是指图像文件的数字大小，以千字节（KB）、兆字节（MB）或吉字节（GB）为度量单位，与图像的像素大小成正比，而画布大小是指图像四周工作区的尺寸大小，下面将分别讲解如何根据需要调整图像和画布的大小。

（1）调整图像大小

选择"图像"→"图像大小"命令或按【Alt＋Ctrl＋I】键，如图 1-3-9 所示，打开"图像大小"对话框，即可调整数值对图像大小进行调整。

（2）调整画布大小

选择"图像"→"画布大小"命令或按【Alt＋Ctrl＋C】键，如图 1-3-10 所示，打开"画布大小"

对话框,即可调整数值对画布大小进行调整。

图 1-3-9   "图像大小"对话框   图 1-3-10   "画布大小"对话框

步骤 5   图像的编辑

(1)标尺的使用

标尺可以起到主要定位参照作用。选择"视图"→"标尺"命令或按【Ctrl+R】键打开标尺,再次执行该命令即可隐藏标尺,标尺内的标记可显示出鼠标指针移动时的坐标位置,如图 1-3-11 所示。

(2)网格工具的使用

网格工具有利于我们进行细致的图像排版处理,同时在进行像素画绘制时它也是重要的辅助工具,选择"视图"→"显示"→"网格"命令或按【Ctrl+'】键,可以在图像窗口显示网格,再次执行该命令即可隐藏网格,如图 1-3-12 所示。选择"视图"→"对齐到"→"网格"命令后,移动对象将自动对齐网格或者在选取区域时自动沿网格位置进行定位选取。

图 1-3-11   标尺设置   图 1-3-12   显示网格

(3)创建参考线

参考线有利于我们对图像元素排版处理和准确定位。将鼠标指针置于窗口顶部或左侧的标尺处,按住鼠标左键,当鼠标指针处于 ⇳ 状态或 ⬌ 状态时,拖动鼠标到要放置参考线的位置释放鼠标,即可创建出参考线,如图 1-3-13 所示。

选择"视图"→"新建参考线"命令,打开"新建参考线"对话框,在"取向"栏中进行选择,设置好"位置"文本框中的数据后,即可添加一条新参考线,如图 1-3-14 所示。

图 1-3-13　创建参考线

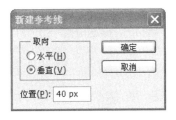

图 1-3-14　"新建参考线"对话框

（4）标尺工具的使用

工具栏的标尺工具可以非常方便地测量图像中两点之间的距离或物体的角度。如图 1-3-15 所示，在工具栏中选择"标尺工具"，然后在图像窗口中需要测量的两点之间拖动鼠标，可在这两点之间画出一条直线，同时在工具属性栏中显示相应的信息。

按住【Alt】键不放，将鼠标移动到直线的一个端点上时鼠标指针变为，按住鼠标左键并拖动可以再画出一条直线，此时的工具属性栏如图 1-3-16 所示，其中 A 的数值表示此角的角度，L1 的数值表示内角第一条边的长度，L2 的数值表示内角第二条边的长度。

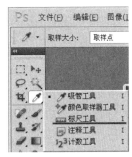

图 1-3-15　标尺工具

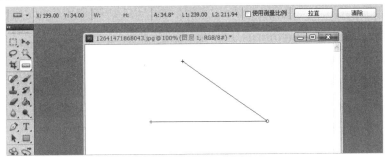

图 1-3-16　使用标尺工具

步骤 6　还原与重做的操作

（1）恢复到上一步的操作

选择"编辑"→"还原"命令或按【Ctrl＋Z】键，取消该步操作。

（2）重做到上一步的操作

选择"编辑"→"重做"命令恢复到还原操作前的状态。

相关知识

❶ 工具箱的介绍

工具箱中提供了各种图像绘制和处理工具，如果工具图标下有黑色小三角形标记，表示该工具组下还有其他隐藏工具。工具箱如图 1-3-17 所示（多种工具共用一个快捷键的可同时按【Shift】键加此快捷键选取）。

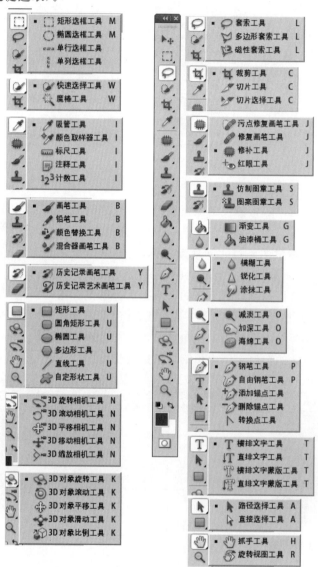

图 1-3-17　工具箱工具显示

❷ 像素和图像分辨率

位图图像的大小和质量主要取决于图像中像素点的多少,而分辨率是指每英寸图像包含的像素数目,在 Photoshop 中,有以下一些常用的图像分辨率标准:

(1)在网页上发布的图像分辨率通常设置为 72 像素/英寸。

(2)彩版印刷图和大型灯箱海报图像一般不低于 300 像素/英寸。

(3)报纸图像通常设置为 120 像素/英寸或 150 像素/英寸。

微课-提升篇

更改像素画布大小

❸ 图像的色彩模式

在"图像"→"模式"的子菜单中可以查看 Photoshop CS5 的所有色彩模式,不同的色彩模式可以相互转换,下面主要介绍几种常用的色彩模式:

(1)RGB 模式

RGB 模式是一种加色模式,在 Photoshop CS5 中它可以提供全屏幕多达 24 位的色彩,即通常所说的真彩色。

(2)CMYK 模式

CMYK 模式是彩色印刷时使用的一种颜色模式,CMYK 代表了印刷上的 4 种油墨色。

(3)Lab 模式

Lab 模式是一种国际标准色彩模式,可以处理 Photoshop CD 图像,要将 Lab 模式图像打印到其他彩色输出设备上,应首先将其转换为 CMYK 模式。

(4)位图模式

在位图模式下将只使用黑色或白色之一来表示图像中的像素,它通过组合不同大小的点来产生一定的灰度级阴影,只有灰度和多通道模式下的图像才能被转换成位图模式。

(5)灰度模式

灰度模式使用多达 256 级灰度,灰度图像中的每个像素都有一个 0(黑色)~255(白色)的亮度值,使用黑白或灰度扫描仪生成的图像通常以灰度模式显示。

(6)索引颜色模式

在索引颜色模式下最多只有 256 种颜色,在该模式下只能存储一个 8 位色彩深度的文件,且这些颜色都是预先定义好的。

(7)双色调模式

双色调模式即采用两种彩色油墨来创建由双色调、三色调和四色调混合色阶组成的灰度图像。该模式下最多可以向灰度图像中添加 4 种颜色。

(8)多通道模式

多通道模式包含多种灰阶通道,每个通道均由 256 级灰阶组成,该模式对有特殊打印需求的图像非常有用。

4 图像常用的文件格式

Photoshop CS5 支持 20 多种文件格式,下面将介绍一些常见的文件格式:

(1)PSD 格式和 PDD 格式

PSD 格式和 PDD 格式是 Photoshop CS5 软件自身的专用格式,是唯一能支持全部图像色彩模式的格式,可以保存图像中的图层、通道和蒙版等数据信息。

(2)TIFF 格式(＊.TIF、＊.TIFF)

TIFF 格式应用相当广泛,它支持 RGB、CMYK、Lab、位图和灰度等多种色彩模式,同时还支持 Alpha 通道和图层的使用。

(3)BMP 格式

BMP 格式是标准 Windows 图像格式,支持 RGB、索引颜色、灰度和位图模式,常用于视频输出和演示,存储时可进行无损压缩。

(4)GIF 格式

GIF 格式是在 World Wide Web 及其他联机服务上常用的一种文件格式,用于显示超文本标记语言(HTML)文档中的索引颜色图形和图像,GIF 格式文件同时支持位图和灰度模式。

(5)JPEG 格式(＊.JPEG、＊.JPG)

JPEG 格式的图像文件较小,便于打开观看,但会对数据进行压缩,不宜用于印刷。

（6）PDF 格式

PDF 格式是一种便携文档格式，可以精确地显示并保留字体、页面版式以及矢量和位图图形，并可以包含电子文档搜索和导航功能。

（7）Photoshop DCS 1.0 和 2.0 格式

DCS（桌面分色）格式是标准 EPS 格式的一个版本，可以存储 CMYK 图像的分色。使用 DCS 2.0 格式可以导出包含专色通道的图像。

（8）PNG 格式

PNG 格式用于无损压缩和显示 Web 上的图像，支持 24 位图像并产生无锯齿状边缘的背景透明度。

5 位图图像与矢量图像的区别

计算机中的图形图像有它独特的储存格式、色彩类型，计算机中的图形图像中的位图与矢量图在像素和图像分辨率、色彩模式、图像常用的文件格式等方面存在着很大的区别。

（1）位图

位图也称像素图，当位图放大到一定倍数后，图像的显示会出现类似马赛克的像素块效果，如图 1-3-18 所示为使用放大镜工具放大到 500％后的位图图像效果。

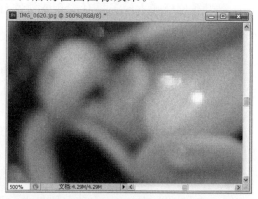

图 1-3-18　位图的显示模式

（2）矢量图

矢量图是以线条定位物体形状，再通过着色为图像添加颜色的，因此，矢量图画质不受放大和缩小的影响，但这种图形有色彩比较单调的缺点，如图 1-3-19 所示。

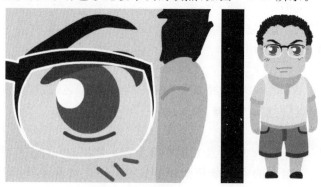

图 1-3-19　矢量图的显示模式

拓展训练

训练 1-1 | **上机练习 Photoshop CS5 的基础操作**

任务要求：

通过实际操作练习对 Photoshop CS5 的基础操作进行熟悉和掌握。

步骤指导：

（1）安装 Photoshop CS5

将 Photoshop CS5 的光盘放入光驱中，找到安装文件"Set-up. exe"，双击开始安装 Photoshop CS5 软件。安装过程中正确选择安装路径，输入序列号，完成软件的安装。

（2）启动 Photoshop CS5 并定义工作界面

练习启动 Photoshop CS5，再使用缩放工具放大图像窗口中的图像，自定义只带有菜单栏的工作界面，然后再显示出所有面板、工具属性栏和状态栏，恢复到默认的工作界面环境下。

（3）基础工具使用练习

分别练习选取工具箱中的矩形选框工具、磁性套索工具、渐变工具和铅笔工具。

（4）优化设置

打开"编辑"→"首选项"对话框，根据自己的需要对其中的各个选项进行优化设置。

任务效果：

效果见图 1-1-2。

训练 1-2 | **上机练习在 Photoshop CS5 中图像文件的基本操作**

任务要求：

通过练习掌握对图像的各种处理方式，熟练掌握在 Photoshop CS5 中对图像文件的处理技能。

步骤指导：

（1）打开文件浏览器，查看自己电脑中搜集的各种图像素材，并练习文件的标记、旋转、删除和重命名等操作。

（2）在打开的图像中分别使用缩放工具、"视图"菜单和"导航器"面板对图像进行各种显示操作。

（3）通过"打开"对话框和文件浏览器打开图像。

任务效果：

效果如图 1-3-20 所示（素材见附赠光盘教学模块 1/素材/小狗.jpg）。

图 1-3-20 图像操作处理演示效果

模块 02
选区的创建与编辑

微课

教学模块 2 前言

教学目标

通过"标志设计""移花接木"两个任务的学习,掌握 Photoshop CS5 中选区的应用,能够根据不同需要使用选区工具制作出具有良好创意和画面效果的设计作品。

教学要求

知识要点	能力要求	关联知识
创建选择区域	掌握	精确地运用选区工具
使用"色彩范围"命令	掌握	色彩容差的设置
选择区域的编辑与修改	掌握	增加或减少选择区域的设置
选择区域的填充、描边等命令	掌握	填充或描边命令的设置

任务 1　标志设计

1.掌握选区工具的基础操作方法。

2.运用选区工具进行标识设计。

微课4

标志设计

选区的创建是非常重要的环节,因为绝大部分的操作都是在建立选区的状态下完成的,操作和命令只针对当前选区。使用规则选框工具、套索工具、魔棒工具以及"色彩范围"命令,都可以建立不同形状的选区,并且这些工具或命令可以灵活地结合使用,从而得到更精确、有效的选区。

通过标志的制作来进行选区工具的练习。由于还未涉及图层方面的知识,目前的操作主要在背景层中进行,因此,新建文件进行标志设计时,将背景色设置成白色,最终效果如图 2-1-1 所示。

图 2-1-1　标志最终效果

 完成过程

步骤 1　新建空白文档,宽度×高度为 600 像素×600 像素,分辨率为 200 像素/英寸,RGB 颜色模式,背景内容为白色,如图 2-1-2 所示。

图 2-1-2　"新建"对话框

　　步骤 2　按【Ctrl＋'】键选择打开网格，单击工具箱中的"椭圆选框工具"，在工具属性栏按下"新选区"按钮，羽化值为 0，样式选择"固定大小"，"高度"和"宽度"都为 420 px，然后在图像窗口中创建一个圆形选区，如图 2-1-3 所示。

　　步骤 3　选择"编辑"→"描边"命令，设置"宽度"为 30 px，位置"居中"，颜色为红色，单击【确定】按钮，并取消选区，如图 2-1-4 所示。

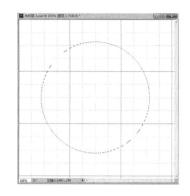

图 2-1-3　运用"椭圆选框工具"绘制圆形选区

"描边"对话框

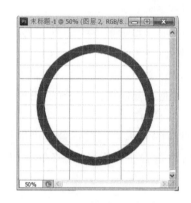

图像描边后效果

图 2-1-4　为圆形选区描边图像描边后效果

　　步骤 4　单击工具箱中"矩形选框工具"，在工具属性栏中按下"新选区"按钮，羽化值为 0，样式选择"固定大小"，"宽度"为 210 px，"高度"为 310 px，然后在图像窗口中创建一个矩形选区，放在圆圈正中，如图 2-1-5 所示。

　　步骤 5　选择"编辑"→"描边"命令，设置"宽度"为 30 px，位置"内部"，颜色为红色，单击【确定】按钮，并取消选区，如图 2-1-6 所示。

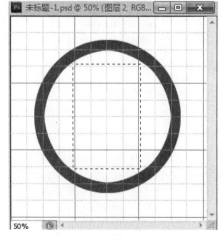

图 2-1-5　运用"矩形选框工具"绘制大矩形

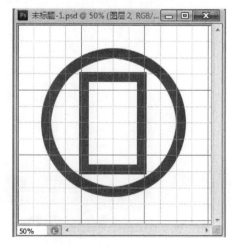

图 2-1-6　为大矩形选区描边

步骤 6 单击工具箱中"矩形选框工具" [ ],在工具属性栏中按下"新选区"按钮 [ ],羽化值为 0,样式选择"正常",然后在图像窗口中创建一个矩形选区,放在圆圈中心,如图 2-1-7 所示。

步骤 7 选择"编辑"→"描边"命令,设置"宽度"为 30 px,位置"内部",颜色为红色,单击【确定】按钮,并取消选区,如图 2-1-8 所示。

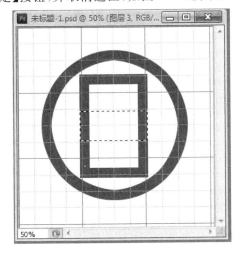
图 2-1-7 创建小矩形选区

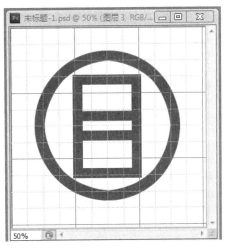
图 2-1-8 为小矩形选区描边

步骤 8 单击工具箱中"矩形选框工具" [ ],在工具属性栏中按下"新选区"按钮 [ ],羽化值为 0,样式选择"正常",然后在图像窗口中创建一个矩形选区,放在圆圈中心,如图 2-1-9 所示。

步骤 9 选择"编辑"→"描边"命令,设置"宽度"为 30 px,位置"内部",颜色为红色,单击【确定】按钮,并取消选区,如图 2-1-10 所示。

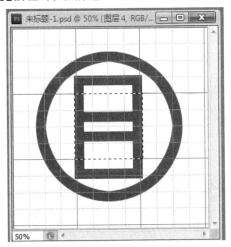
图 2-1-9 创建中矩形选区

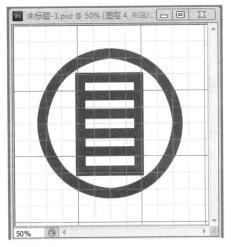
图 2-1-10 填充中矩形选区

步骤 10 单击工具箱中"单列选框工具" [ ],在工具属性栏中按下"新选区"按钮 [ ],羽化值为 0,样式选择"正常",然后在图像窗口中创建一个单列选区,按住【Shift】键再次增加创建一个单列选区,如图 2-1-11 所示。

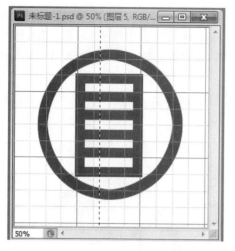 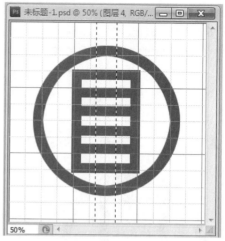

图 2-1-11　创建单列选区

步骤 11　单击工具箱中"矩形选框工具" [ ],按住【Alt】键,框选多出来的部分,对选取范围进行删减,如图 2-1-12 所示。

步骤 12　选择"编辑"→"描边"命令,设置"宽度"为 30 像素,位置"居中",颜色为红色,单击【确定】按钮,完毕后取消选区,并按【Ctrl+'】键关闭网格显示,如图 2-1-13 所示。

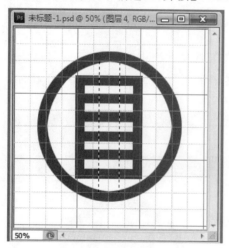 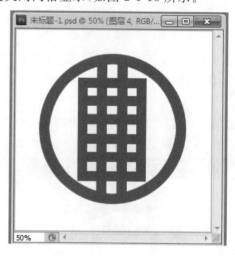

图 2-1-12　修改选区范围　　　　　　　　　图 2-1-13　为单列选区描边

步骤 13　利用"矩形选框工具",选中不需要的部分,设置前景色为白色,单击"编辑"→"填充"命令,设置使用"前景色"填充,如图 2-1-14 所示。

图 2-1-14　填充前景色

步骤 14　用上述同样方法,依次填充白色,如图 2-1-15 所示。

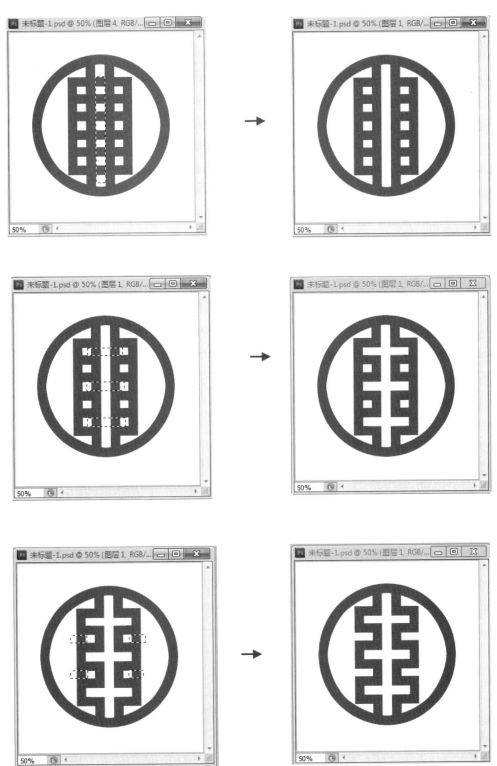

图 2-1-15　运用选区工具填充白色

步骤 15　选择"文件"→"存储"命令,保存文件。

相关知识

本任务主要运用了选框工具,其中有一点需要补充说明:

1 四边为圆角的四边形的制作方法

(1)单击工具箱中"矩形选框工具" ,在工具属性栏中按下"新选区"按钮 ,羽化值为 0,样式选择"正常",然后在图像窗口创建一个矩形选区,接着单击"选择"→"修改"→"平滑"菜单命令,设置"取样半径"为 20,单击【确定】按钮,如图 2-1-16 所示。

　　　　"平滑选区"对话框　　　　　　　绘制四边为圆角的四边形

图 2-1-16　绘制四边为圆角的四边形并设置平滑度

(2)选择"编辑"→"描边"命令,设置"宽度"为 30 px,位置"内部",颜色为红色,单击【确定】按钮,并取消选区,如图 2-1-17 所示。

2 规则选框工具组

规则选框工具组包括矩形选框工具 、椭圆选框工具 、单行选框工具 和单列选框工具 ,分别用于创建不同形状的选区。

单击工具箱中的"矩形选框工具" ,会打开如图 2-1-18 所示的工具属性栏,各选项功能介绍如下:

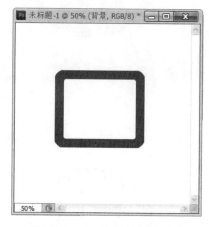

图 2-1-17　对四边形选区进行描边

图 2-1-18　"矩形选框工具"属性栏

(1)选区类型

① 用于控制选区的增加与减少。

②新选区 :单击选中该按钮,表示创建新的选区,可以在图像窗口中创建新的选区,在此之前的选区自动取消。

③添加到选区 :单击选中该按钮,可以在保留原选择区域的情况下,再添加新的选区,此时该工具的光标下方显示一个"+"号,表明可以继续创建新的选区。

④从选区中减去 :单击选中该按钮,可以从原选择区域中减去新的选区与其重叠部分之后的形状作为新的选区,此时该工具的光标下方显示一个"-"号。

⑤与选区交叉 :单击选中该按钮,表示将新建选区与原来选区之间重叠的部分区域作为新建选区,此时该工具的光标下方显示一个"×"号。

(2)羽化

羽化是指通过创建选区的边框内外像素的过渡来形成选区边缘的柔化。羽化数值越大,选区边缘越柔和。取值范围为 0~250 像素。

注意:

要想取得羽化效果,必须在创建选区之前在属性栏中输入适当的数值方可生效。

(3)样式

样式用于设置选区的形状。在其下拉列表中有 3 种选项。

①正常模式:可以在图像窗口中通过拖动鼠标建立任意大小的选择区域。

②固定比例模式:在其右侧"宽度"和"高度"文本框中输入数值,可以选择区域宽度和高度的比例。无论创建的选择区域多大,它始终精确保持设置的长宽比。如果将长宽比设置为 1∶1,即可得到正方形("椭圆选框工具"为圆形)选区。或者按住【Shift】键不放,选择正常模式,也可得到正方形或圆形选区。

③固定大小模式:在其右侧"宽度"和"高度"文本框中输入数值,可以设置选区的尺寸大小。用鼠标单击即可创建指定大小的选区。

(4)取消选区

创建选区后,按【Ctrl+D】键即可取消当前选区,或选择"选择"→"取消选择"菜单命令。

任务 2　移花接木

任务目标:

微课5

1.掌握选区工具的抠像方法。

2.学会图像嫁接的制作方法。

移花接木

任务说明:

学习运用选区工具进行抠像,将两个图像通过构思创意组合在一起,成为一张新的图像,最终效果如图 2-2-1 所示。

图 2-2-1   最终制作效果图

 完成过程

步骤 1   打开需要处理的图像文件,如图 2-2-2 所示(素材见附赠光盘教学模块 2/素材/植物)。

步骤 2   再打开一张图像文件,如图 2-2-3 所示(素材见附赠光盘教学模块 2/素材/花朵),选择工具箱中的"魔棒工具"█,单击图像白色的部分建立选区,如果不能全部选中白色背景,可以选中工具属性栏"添加到选区"按钮█,多次选择直至白色背景全部选中。然后单击"选择"→"反向"命令,将花朵全部选中,如图 2-2-4 所示。

图 2-2-2   图像文件显示面板

图 2-2-3　打开需处理的图像

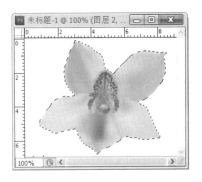
图 2-2-4　选中需处理的图像

步骤 3　单击工具箱中"移动工具"，将光标放在图 2-2-4 的选区中，光标变成形状，拖曳选区中"花朵"图像到名为"植物"文件的窗口中松开，花朵复制到绿叶上。接着用鼠标移动花朵至合适的位置，如图 2-2-5 所示。

图 2-2-5　对选区图像进行拖曳

步骤 4　单击"编辑"→"自由变换"命令或按【Ctrl＋T】键，花朵四周出现一个变换框，按下【Shift】键，同时拖动变换框的一个角点，成比例缩放花朵的大小。再将光标移至变换框的一个角点附近，此时光标变为形状，顺时针或逆时针移动光标，变换花朵的方向，如图 2-2-6 所示。

图 2-2-6　调整选区图像大小和方向

步骤5　用上述方法,再次复制花朵,接着变换其大小、位置、方向等。注意每朵花要有所差别,这样效果自然逼真,见图 2-2-1(因为图层知识尚未涉及,在这里注意要复制一朵,变换调整一朵;再复制,再调整)。

相关知识

❶ 套索工具组

套索工具组包括套索工具、多边形套索工具和磁性套索工具三种,它们都可以创建不规则的选择区域,如图 2-2-7 所示。

图 2-2-7　套索工具组

(1)套索工具

套索工具是一个操作自由度比较大的选择工具,用于选择不规则形状的图像。该工具使用的方法如下:

①单击工具箱的“套索工具”,将鼠标指针移到图像需要选取的区域单击鼠标左键,确定选区的起点。

②然后拖动鼠标沿着需要选取的区域边缘围绕一圈,当鼠标指针与选区的起点重合时释放鼠标即可生成选区。

(2)多边形套索工具

多边形套索工具适用于不规则选区或创建边界多为直线的选区,该工具使用的方法如下:

①首先打开一幅图像,单击工具箱中的“多边形套索工具”,将鼠标指针移到图像需要选取的区域单击鼠标左键,确定选区的起点。此时在光标处显示一条表示选区位置的线条,然后沿着需要选取的区域移动鼠标。

②移动光标至相应的位置(选区外形的转折点),再次单击鼠标左键,确定多边形选区的一个顶点,然后继续移动鼠标至下一个图像转折点单击,选取完回到起点,鼠标指针将变成 ✖,单击鼠标左键,即可闭合选区。

③在使用多边形套索工具时,按住【Shift】键不放,可按垂直、水平或 45°方向选择边界线。

(3)磁性套索工具

磁性套索工具可以自动捕捉图像中色彩对比度较大的图像边缘,从而准确、快速地选取图像的轮廓区域。

该工具在创建选区时,它将会自动生成在选择区域边缘的固定点,也可以在需要选取图像的轮廓边缘单击鼠标左键,人为地确定固定点,以便准确选取图像。

单击工具箱中的“磁性套索工具”,打开如图 2-2-8 所示工具属性栏,各选项功能介绍如下:

图 2-2-8　“磁性套索工具”属性栏

①宽度

宽度用于设置光标选取图像时检测到边缘的宽度,取值范围为 0~40 像素。该数值越小,取值范围越精确。

②对比度

对比度用于设置磁性套索工具对颜色反差的敏感度,取值范围为 1%～100%。该数值越大,选取边界范围越精确。

③频率

频率用于设置在选取时节点的数目,节点起到了定位选择的作用,取值范围为 1～100。该数值越大,选取对象时产生的节点越多。

该工具使用的方法如下:

①单击工具箱中的"磁性套索工具",在图像中单击鼠标左键,建立选区起点。

②释放左键并沿着选取对象的边缘移动光标,直至到达起点位置,光标变为 ,表明选区起点与终点重合,单击鼠标即可创建选区。

2 魔棒工具

用"魔棒工具"单击图像中不同颜色的区域,所选取的区域也不相同。用户可以根据需要,反复进行选取,直至符合要求为止。

3 "色彩范围"命令

"色彩范围"命令比魔棒工具功能更为强大,它可以选取一种或几种颜色的区域作为选区。

选择"选择"→"色彩范围"命令,将弹出如图 2-2-9 所示对话框,各选项功能介绍如下:

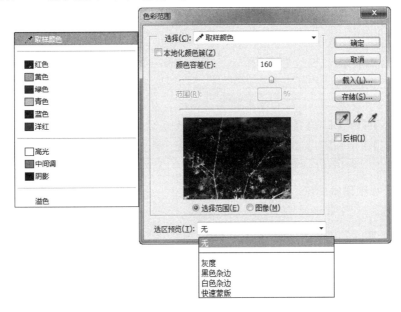

图 2-2-9 "色彩范围"对话框

①选择

在其下拉列表中选择不同的选项,可以选择不同的色彩范围。例如,要选择图像为红色的区域,可以在下拉列表中选择"红色"。其中"取样颜色"表示可以用吸管工具在图像中吸取颜色样本,取样后通过设置"颜色容差"的大小来控制颜色的范围,该数值越大,选取颜色范围越大。

②选择范围

选中该选项后,可以在预览窗口内以灰度显示选取后的预览图像。其中白色区域表示选区,黑色区域表示非选区,灰色区域表示选区为半透明。

③图像

选中该选项,在预览窗口将以原图像方式显示图像状态。

④选区预览

在其下拉列表中可选择图像窗口中选区预览方式。其中"无"表示不显示选区的预览图像。"灰度"表示在图像窗口中以灰色调显示非选区。"黑色杂边"表示在图像窗口中以黑色显示非选区。"白色杂边"表示在图像窗口中以白色显示非选区。"快速蒙版"在图像窗口中以蒙版颜色显示非选区。

⑤反相

反相可以用于选区与非选区之间的相互转换。

⑥"取样颜色"工具

在预览窗口中单击"取样颜色"工具 ,将鼠标移至图像窗口单击即可选取该颜色作为选区。 和 工具分别用来增加和减少选取颜色的范围。

经验指导

① 移动选区

无论使用何种工具或命令创建选区后,当把光标放到选区内部,光标变为白色三角时,按住鼠标左键并拖动鼠标(此时光标变为黑色三角)就可以将该选区任意移动。

提示:

(1)无论选区如何移动,仅限于对选区本身移动。对选区内图像没有任何改变。

(2)点按【←】、【→】、【↑】、【↓】键可以每次以 1 个像素为单位移动选区。按住【Shift】键不放,再点按【←】、【→】、【↑】、【↓】键,则每次以 10 个像素为单位移动选区。

(3)用鼠标拖动选区时,按住【Shift】键不放,可使选区在水平、垂直或 45°斜线方向移动。

② 利用快捷键增减选区

(1)【Shift】键

在图像中创建一个选区后,按住【Shift】键不放,再创建另外一个选区,最后释放鼠标,即可将两个选区相加后效果作为当前选区,此键如同"添加到选区"按钮 。

(2)【Alt】键

在图像中创建一个选区后,按住【Alt】键不放,再创建另外一个选区,最后释放鼠标,即可将前面选区减去后面选区的形状作为当前选区,此键如同"从选区中减去"按钮 。

③ 修改选区

修改选区包括"选择"→"修改"菜单下五个子菜单命令"边界""平滑""扩展""收缩""羽化",如图 2-2-10 所示。

(1)边界

"边界"命令用一个包围原选区形状边框作为新选区代替原来选择区域。单击"选择"→"修改"→"边界"命令,则弹出如图 2-2-11 所示对话框,"宽度"表示新选区的宽度,取值范围为1～100 像素。

图 2-2-10　"选择"→"修改"菜单　　　　图 2-2-11　"边界选区"对话框

（2）平滑

"平滑"命令通过在选择区域边缘上增加或减少像素来改变选区边缘的粗糙程度，以达到平滑效果。单击"选择"→"修改"→"平滑"命令，出现如图 2-2-12 所示对话框，"取样半径"可以设定选区边缘粗糙程度像素值，取值范围为 1～100 像素，数值越大，选区边缘越光滑。

（3）扩展

"扩展"命令将当前选区按设定的数目向外扩展。单击"选择"→"修改"→"扩展"命令，则弹出如图 2-2-13 所示对话框，"扩展量"指设定扩充的像素数目，取值范围为 1～100 像素，数值越大，选区向外扩展范围越大。

图 2-2-12　"平滑选区"对话框　　　　图 2-2-13　"扩展选区"对话框

（4）收缩

"收缩"命令与"扩展"命令相反，当前选区按设定的数目向内收缩，单击"选择"→"收缩"菜单命令，弹出如图 2-2-14 所示对话框，"收缩量"指设定收缩的像素数目，取值范围为 1～100像素，数值越大，选区向内收缩范围越大。

（5）羽化

"羽化"菜单命令用于选区边缘与周围像素建立模糊柔化的过渡边界，产生自然过渡的效果。

在图像中创建一个选区后，单击"选择"→"羽化"菜单命令，出现如图 2-2-15 所示对话框，在"羽化半径"文本框中输入适当数值，单击【确定】按钮即可。

图 2-2-14　"收缩选区"对话框　　　　图 2-2-15　"羽化选区"对话框

❹ 调整边缘

"调整边缘"菜单命令是一个调整图片边缘的功能，可以快速去除背景外，同时还可以修正白边以及边缘平滑化，提高图片的抠像速度与质量。

在图像中创建一个选区后，单击"选择"→"调整边缘"菜单命令，出现如图 2-2-16 所示对话框，在文本框的各个选项中输入适当数值，运用"调整半径工具"对画面进行选择，单击【确定】按钮即可。

图 2-2-16 "调整边缘"对话框

如图 2-2-17 所示为调整后效果对比：

"调整边缘"对话框使用前   "调整边缘"对话框使用后

图 2-2-17 调整边缘效果对比图

⑤ 变换选区

通过此命令可以改变选区形状，对选区进行放大、缩小、旋转等变形。但是此命令只针对选区本身，对选区内的图像不作任何改变。

单击"选择"→"变换选区"命令，则打开如图 2-2-18 所示工具属性栏，各选项功能介绍如下：

| ⊠ : ▾ | 器 X: 285.00 px | △ Y: 234.00 px | W: 100.00% | ❘ H: 100.00% | ⊿ 0.00 度 | H: 0.00 度 | V: 0.00 度 |

图 2-2-18 "变换选区"属性栏

选择"变换选区"命令后，选区外围出现一个变换框，它的中间有一个点叫参考点，一切变换都以此参考点为基准变形。用鼠标单击 器 上的控制点，可改变参考点的位置。后面两个文本框 ⊠ : ▾ 器 X: 285.00 px △ Y: 234.00 px 分别代表参考点在 X 轴和 Y 轴的坐标值。

W: 表示选区水平方向缩放的百分比，取值范围为 0～3200%。 H 表示选区垂直方向缩放的百分比，取值范围为 0～3200%。 ❘ 表示选中此按钮，选区保持长宽等比例缩放。

⊿ 0.00 度 该选项可以设置选区旋转角度，取值范围为 −180～180。

H: 0.00 度 V: 0.00 度 该选项可以设置选区水平斜切角度和垂直斜切角度,取值范围为一180~180。

"变换选区"命令使用具体方法:

先创建一个选区,单击"选择"→"变换选区"命令,将在选区四周出现一个带有 8 个控制点的变换框,如图 2-2-19 所示。

(1)水平拉伸选区

将光标放在变换框左右两边的中点上,光标变为"↔"形状,可以将选区向水平方向进行拉伸。

(2)垂直拉伸选区

将光标放在变换框上下两边的中点上,光标变为"↕"形状,可以将选区向垂直方向进行拉伸。

(3)缩放选区

将光标放在变换框 4 角的任意一个控制点,光标变为"↖"形状,拖动鼠标可以对选区进行缩小或放大。

提示:

按住【Shift】键不放,将光标放在变换框 4 角的任意一个控制点,选区将成比例地放大或缩小。

⑥ 选区内图像的填充

在 Photoshop CS5 使用中,创建精确的选区只是一种手段,最终目的是要对该选区作进行填充或者对选区内图像进行编辑,以达到理想效果。

使用"填充"命令可以对选区进行前景色、背景色或图案填充。单击"编辑"→"填充"命令,将打开如图 2-2-20 所示对话框,各选项功能如下:

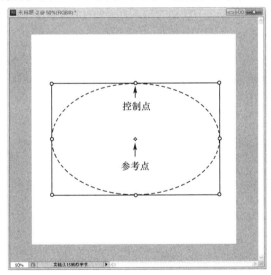

图 2-2-19　带有 8 个控制点的变换框

图 2-2-20　"填充"对话框

在"使用"下拉列表框中可以选择多种填充所用的对象。其中包括"前景色""背景色""颜色""内容识别""图案""历史记录""黑色""50%灰色""白色"等选项,如图 2-2-21 所示。

在"使用"下拉列表框中选择"图案"选项,在"自定图案"下拉列表框中可以选择所需图案进行填充,如图 2-2-22 所示。

图 2-2-21 "填充"对话框中"使用"下拉列表框   图 2-2-22 "填充"对话框中设置"自定图案"

在"模式"下拉列表框中可以选择不同的着色模式进行填充,其作用与画笔等绘画工具中的模式相同。

"不透明度"用于设置填充内容的不透明度,取值范围为 1~100%。

选中"保留透明区域"复选框时,进行填充时不影响图层的透明区域。

设置好对话框的参数后,单击【确定】按钮即可填充,用图案填充的前后对比效果如图 2-2-23 所示。

用图案填充前   用图案填充后

图 2-2-23　用图案填充的前后对比效果

用前景色填充的前后对比效果如图 2-2-24 所示。

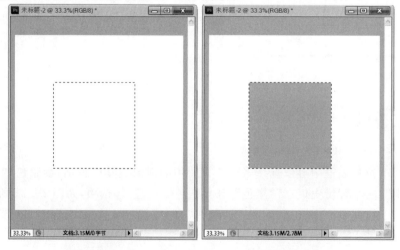

用前景色填充前   用前景色填充后

图 2-2-24　用前景色填充的前后对比效果

拓展训练

训练 2-1　标志设计训练

任务要求：

利用前面任务所学知识，进行 2～3 个标志设计，如图 2-2-25 所示。

步骤指导：

（1）图像大小为 600 像素×600 像素，分辨率为 200 像素/英寸，RGB 模式，背景内容为白色。

（2）因为图层知识还未涉及，所以必须保持背景色为白色。

（3）注意绘制的顺序，先上后下，先内后外，先底层后上层。

图 2-2-25　训练 2-1 标志完成效果

训练 2-2　移花接木训练

任务要求：

利用前面任务所学知识，对两张照片进行移花接木的处理。

步骤指导：

打开两幅图像，如图 2-2-26（素材见附赠光盘教学模块 2/素材/红叶）和图 2-2-27（素材见附赠光盘教学模块 2/素材/蝴蝶）所示，利用选择工具，复制、自由变换等命令合成如图 2-2-28 所示效果。

图 2-2-26　训练 2-2 素材图 1　　　图 2-2-27　训练 2-2 素材图 2　　　图 2-2-28　训练 2-2 合成效果图

模块 03 绘画、矢量图形和路径

微课

教学模块 3 前言

教学目标

通过"绘制风景画""制作 IC 电话卡""绘制花朵邮票"三个任务的学习,掌握 Photoshop 软件提供的绘制矢量图形和路径的使用方法,能够灵活使用钢笔工具或者形状工具绘制出理想的图形。

教学要求

知识要点	能力要求	关联知识
钢笔工具的性能	熟练掌握钢笔工具的使用	创建锚点、删除锚点、直线路经、曲线路径,使用最少的锚点创建最理想的路径
锚点的属性	熟练掌握锚点的使用	添加、删除锚点,通过锚点控制路径形状
图形工具的使用	熟练掌握图形工具的性能和特点	借助基础图形通过锚点的添加和删除创建特异型
路径面板的使用	熟练掌握路径面板的操作方法	填充路径、描边路径,路径和选取的转换
渐变工具	熟练掌握渐变工具的使用	渐变的色彩设置、渐变的几种不同形式
涂抹工具	熟练掌握涂抹工具的使用	涂抹工具的设置和使用

任务 1 绘制风景画

任务目标：

1. 认识钢笔工具。
2. 掌握钢笔工具基本使用方法。
3. 了解两种不同锚点的属性。
4. 掌握渐变工具的使用方法。

微课6

绘制风景画

任务说明：

本任务主要通过使用钢笔工具结合渐变填充工具制作夕阳、远山、湖面、渔船这样一幅美丽的风景画，效果图如图 3-1-1 所示。

图 3-1-1 风景画效果

完成过程

步骤 1 设置背景色 RGB(208,70,31)。新建文件，尺寸为 1280 像素×768 像素，RGB 模式，背景内容为"背景色"。

步骤 2 选择"钢笔工具" ，在其工具属性栏中单击 按钮，在如图 3-1-2 所示位置绘制矩形路径。

步骤 3 在"路径"面板下方单击 按钮，将路径转换为选区，即可得到矩形形状的选区。选择"渐变工具" ，渐变色彩设置从前景色到背景色，颜色从左到右依次为 RGB(208,70,31)、RGB(215,132,77)。

步骤 4 在工具属性栏选择"线性渐变" 对选区进行填充，效果如图 3-1-3 所示。

图 3-1-2 绘制矩形路径

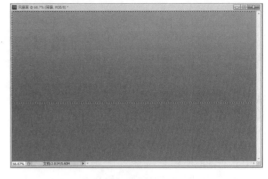

图 3-1-3 渐变填充后的效果

步骤 5 选择"钢笔工具" ，在其工具属性栏中单击 按钮，在如图 3-1-4 所示位置绘制山形路径。

步骤 6 在"路径"面板下方单击 按钮，将路径转换为选区，即可得到山形形状的选区。选择"油漆桶工具" ，颜色为 RGB(56,33,39)，如图 3-1-5 所示。按【Ctrl+D】键取消选区。

图 3-1-4 山形路径

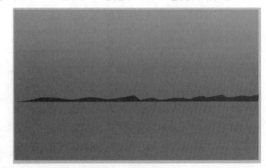

图 3-1-5 渐变填充效果

步骤 7 选择"矩形工具" ，在其工具属性栏中单击 按钮，在如图 3-1-6 所示位置绘制矩形路径。

步骤 8 在"路径"面板下方单击 按钮，将路径转换为选区，即可得到矩形形状的选区。选择"渐变工具" ，渐变色彩设置从前景色到背景色，颜色从左到右依次为 RGB(121,73,51)、RGB(200,106,45)。

步骤 9 在工具属性栏选择"线性渐变" 对选区进行填充，效果如图 3-1-6 所示，渐变色设置如图 3-1-7 所示。

图 3-1-6 渐变水面效果

图 3-1-7 渐变色设置

步骤 10 选择"钢笔工具" ，在其工具属性栏中单击 按钮，在如图 3-1-8 所示位置绘制夕阳形状，选择"直接选择工具" 调整锚点达到理想形状。

步骤 11 设定前景色为 RGB(246,254,248)，进入"路径"面板，单击面板下方"前景色填充"按钮 ⊙，即可得到发光的夕阳效果。如图 3-1-9 所示。

图 3-1-8 夕阳形状 　　　　　　　　　　　图 3-1-9 夕阳效果

步骤 12 选择"钢笔工具" ⊿，在其工具属性栏中单击 ⊿ 按钮，在如图 3-1-10 所示位置绘制小船形状。

步骤 13 选择"添加锚点工具" ⊿，在如图 3-1-10 所示位置添加锚点，通过调整锚点控制手柄绘制小船形状。

步骤 14 设定前景色为 RGB(56,33,39)，进入"路径"面板，单击面板下方"前景色填充"按钮 ⊙，即可得到小船效果。如图 3-1-11 所示。

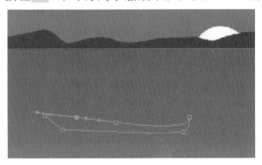 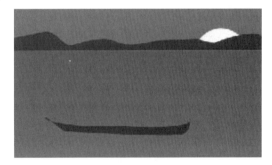

图 3-1-10 小船形状 　　　　　　　　　　　图 3-1-11 小船效果

步骤 15 参照以上方法绘制人物并进行填色，颜色与小船相同，如图 3-1-12 所示。最终效果见图 3-1-1。

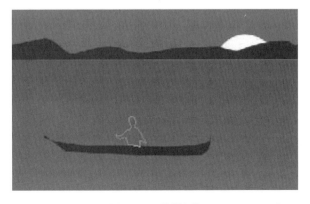

图 3-1-12 绘制人物

相关知识

本任务包含对钢笔及路径调整工具的基本操作。

在 Photoshop 中钢笔是非常重要的造型工具。钢笔工具属于矢量绘图工具,其优点是可以勾画平滑的曲线、绘制出复杂的路径,对已有的路径进行编辑。在缩放和变形之后仍能保持平滑的效果。下面就对钢笔工具做一个详细的介绍。

① 钢笔工具

钢笔工具位于 Photoshop 的工具箱中,右击"钢笔工具"按钮可以显示出钢笔工具所包含的 5 个工具,如图 3-1-13 所示。通过这 5 个工具可以完成路径的前期绘制工作。

(1)钢笔工具:绘制具有最高精度的图像。

(2)自由钢笔工具:可以像使用铅笔在纸上绘图一样来绘制路径。

(3)添加锚点工具:单击路径时可以添加锚点,以此对路径进行修改和调整。

(4)删除锚点工具:可选择性删除路径上已有的锚点,以此对路径进行修改和调整。

(5)转换点工具:在平滑点和角点之间转换。在路径的角点处单击鼠标并拖曳可以将其转化为平滑点。将鼠标光标移动到路径的某一锚点上按下鼠标并拖曳,释放鼠标后光标移动到锚点一端的方向点上按下鼠标并拖曳,可以调整一端锚点的形态;再次释放鼠标后,将鼠标光标移动到另一方向点上按下鼠标并拖曳,可以将另一端的锚点调整。按住【Alt】键,将鼠标光标移动到锚点处按下鼠标并拖曳,可以将锚点的一端进行调整。

在菜单栏的下方可以看到钢笔工具的属性栏。钢笔工具有两种创建模式:创建新的形状图层和创建新的路径,如图 3-1-14 所示。

图 3-1-13　钢笔工具

图 3-1-14　钢笔工具属性栏

② 路径

(1)创建直线路径:单击钢笔工具,在属性栏单击"路径"按钮,然后用钢笔在画面中单击,会看到单击处的点之间有线段相连,这就是路径。保持按住【Shift】键可以让所绘制的点与上一个点保持 45°整数倍夹角(或者 0°、90°),可以绘制水平或者是垂直的路径。

(2)直线锚点:路径上的这些点称为锚点。由于它们之间的线段都是直线,所以又称为直线型锚点。直线锚点具有方向和距离属性。

(3)创建曲线路径:单击钢笔工具,在属性栏单击"路径"按钮,然后用钢笔在绘图区中单击,再次单击鼠标左键并进行拖曳,即可创建曲线路径。

(4)曲线锚点:曲线路径上的这些带有控制手柄的点称为曲线型锚点。直线锚点具有方向和距离属性之外还具有曲度属性。

❸ 路径选择工具

（1）确认文件中已经有路径存在后，单击工具箱中的"路径选择工具" ▶ ，然后单击文件中的路径，当路径上的锚点全部显示为黑色时，表示该路径被选择。

（2）当文件中有多个路径需要同时被选择时，可以按住键盘上的【Shift】键，然后依次单击需要选择的路径，或用框选的方式选择所有需要的路径。

（3）在文件中按住被选择的路径拖曳鼠标可以移动路径。

（4）按住【Alt】键，再移动被选择的路径可以复制该路径，将被选择的路径拖曳至另一个文件中，也可以进行复制。

（5）按住【Ctrl】键，可将当前工具切换为"直接选择工具"，以调整被选择路径上锚点的位置或调整锚点的形状。

❹ 直接选择工具

直接选择工具可以用来移动路径中的锚点或者线段，也可以改变锚点的形态。此工具没有属性栏，具体使用方法如下。

（1）确认图像文件中已经有路径存在后，单击工具箱中的"直接选择工具" ▶ ，然后单击图像文件中的路径，此时路径上的锚点全部显示为白色，单击白色锚点可以将其选择。当锚点显示为黑色时，用鼠标拖曳选择的锚点可以修改路径的形态。单击两个锚点之间的直线段（曲线除外）并进行拖曳，也可以调整路径的形态。

（2）当需要在图像文件中同时选择路径上的多个锚点时，可以按住键盘上的【Shift】键，然后依次单击要选择的锚点，或用框选的方式选择所有需要的锚点。

（3）按住【Alt】键，在文件中单击路径可以将其选择，即全部锚点都显示为黑色。

（4）拖曳平滑点两侧的方向点，可以改变其两侧曲线的形态，按住【Alt】键并拖曳鼠标，可以同时调整平滑点两侧的方向点，按住【Ctrl】键并拖曳鼠标，可以改变平滑点一侧的方向，按住【Shift】键并拖曳鼠标，可以调整平滑点一侧的方向按 45°的倍数跳跃。

（5）按住【Ctrl】键，可以将当前工具切换为"路径选择工具"，然后拖曳鼠标，可以移动整个路径位置。再次按【Ctrl】键，可将"路径选择工具"转换为"直接选择工具"。

❺ "路径"面板

利用"路径"面板可以将图像文件中的路径转换为选区，然后通过"描绘"或"填充"命令制作出各种复杂的图形效果。或将选区转换为路径，对其进行更精密的调整，制作更加精确的作品。如图 3-1-15 所示。

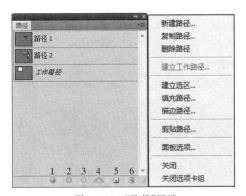

图 3-1-15　"路径"面板

（1）"用前景色填充路径"按钮（图中的标注 1），单击此按钮，将以前景色填充创建的路径。

（2）"用画笔描边路径"按钮（图中的标注 2），单击此按钮，将以前景色为创建的路径描边，其描边宽度为 1 个像素。

（3）"将路径作为选区载入"按钮（图中的标注 3），单击此按钮，可将创建的路径转换为选区。

（4）"从选区生成工作路径"按钮（图中的标注 4），确认图形文件中有选择区域，单击此按钮，可以将选区转换为路径。

（5）"创建新路径"按钮（图中的标注 5），单击此按钮，在"路径"面板将新建一个路径，若"路径"面板中已经有路径存在，将鼠标光标放置到创建的路径名称处，按下鼠标向下拖曳至此按钮处释放鼠标，可以完成路径的复制。

（6）"删除当前路径"按钮（图中的标注 6），单击此按钮，可以删除当前选择的路径，也可以将想要删除的路径直接拖曳至此按钮处，释放鼠标即可完成路径的删除。

任务 2　制作 IC 电话卡

任务目标：

1. 掌握自定义笔刷的设置。
2. 学会自由变换的使用技巧。
3. 掌握涂抹工具的使用方法。
4. 掌握矩形转换为圆角矩形的方法。

微课7

制作 IC 电话卡

任务说明：

本任务主要通过使用自定义画笔工具、涂抹工具、自由变换命令制作 IC 电话卡，效果图如图 3-2-1 所示。

图 3-2-1　IC 电话卡效果

完成过程

步骤 1 首先创建一个合适的笔刷。新建文件,背景色为透明,大小为 15 像素×15 像素。

步骤 2 用直径为 2 像素的铅笔画一条 45°的对角线,然后选择"编辑"→"定义画笔预设"菜单,效果如图 3-2-2 所示。

步骤 3 新建文件,大小为 300 像素×200 像素。背景色为白色,在工具箱选择"矩形选框工具" ⬚ 做矩形选区。在工具属性栏选择"固定大小",宽度为 291 px,高度为 192 px,如图 3-2-3所示。

图 3-2-2　自定义画笔

图 3-2-3　矩形选区设置

步骤 4 在菜单栏选择"选择"→"修改"→"平滑",如图 3-2-4 所示。

步骤 5 在打开的"平滑选区"对话框中设置"取样半径"为 12 像素。如图 3-2-5 所示。

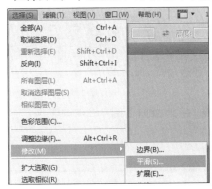

图 3-2-4　平滑命令

图 3-2-5　圆角设置

步骤 6 设置前景颜色为"♯cfc388",单击【Enter】键。新建图层 1,在工具箱选择"油漆桶工具" 🎨 对选区进行填充。按【Ctrl+D】键取消选区。

步骤 7 在工具箱选择前面定义的"画笔工具" ✏,在工具属性栏设置流量"50%",设置前景颜色为 CMYK(63%,53%,51%,100%),创建"图层 2",在图层 2 进行绘制。需要深色的地方多重复几遍。

步骤 8 在工具箱选择"涂抹工具" ✋,在图层 2 制造墨色晕染的效果,如图 3-2-6 所示。

步骤 9 新建图层 3,在工具箱选择"椭圆选框工具" ⬭ 作椭圆选区,设定前景颜色为 CMYK(99%,54%,100%,27%),背景颜色为 CMYK(80%,23%,100%,0%)。

步骤 10　在工具箱选择"渐变工具" ，在工具属性栏选择"线性渐变"，在选区内从左到右拖曳鼠标。按【Ctrl＋D】键取消选区。效果如图 3-2-7 所示。

步骤 11　选择"钢笔工具" ，勾画一个竹叶的形状，按【Ctrl＋Enter】键将路径转为选区，再单击"选择"→"反向"，并按【Delete】键删除多余部分，得到一片竹叶。效果如图 3-2-8 所示。

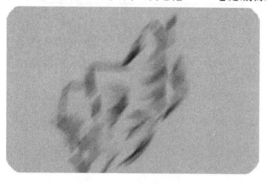

图 3-2-6　绘制山石效果　　　　　图 3-2-7　渐变的椭圆　　　图 3-2-8　制作一片竹叶

步骤 12　复制、旋转、变形得到一组叶子。如图 3-2-9 所示。

步骤 13　隐藏除竹叶外的所有图层，再合并可见图层。可得到一组竹叶的图层，再显示刚才隐藏的图层。

步骤 14　选择"编辑"→"变换"→"水平翻转"菜单，多复制几组竹叶放在合适位置，如图 3-2-10 所示。

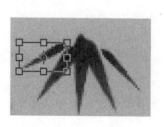

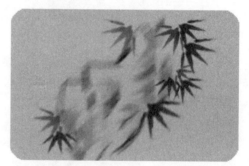

图 3-2-9　复制变形效果　　　　　图 3-2-10　山石竹叶效果

步骤 15　在工具箱选择"直排文字工具" ，给画面加上图 3-2-1 的文字。

相关知识

❶ 涂抹工具的使用

涂抹工具可以模拟在湿颜料中拖移手指的效果。该工具可拾取描边开始位置的颜色，并沿拖移的方向展开这种颜色。

手指绘画：可使用每个描边起点处的前景色进行涂抹。如果取消选择该选项，涂抹工具会使用每个描边的起点处指针所指的颜色进行涂抹。

❷ 油漆桶工具的使用

油漆桶工具可以在图像或选区中，对指定色差范围内的色彩区域进行色彩或图案填充，但油漆桶工具不能用于位图模式的图像。

选择油漆桶工具进行填充的方法。

（1）选择一种前景色。

（2）选择"油漆桶工具"。

（3）指定是用前景色还是用图案填充选区。

（4）指定绘画的混合模式和不透明度。

（5）输入填充的容差。

容差定义了必须填充的像素颜色的相似程度。值的范围可以从 0 到 255。低容差会填充颜色值范围内与所单击像素非常相似的像素。高容差则填充更大范围内的像素。

（6）要平滑填充选区的边缘，选择"消除锯齿"。

（7）仅填充与所单击像素邻近的像素，选择"连续"；不选择，默认为填充图像中所有相似的像素。

（8）要基于所有可见图层中的合并颜色数据填充像素，选择"所有图层"。

（9）单击要填充的图像部分，即会使用前景色或图案填充指定容差内的所有指定像素。

❸ 自定义笔刷的使用

通过"编辑"→"画笔预设"菜单命令，可将自己喜爱的形状或者需要的效果设置成笔刷进行存储，方便制作出更加理想的画面效果。

❹ 画笔流量的使用

画笔流量可在 1％～100％任意设置，数值越小着色越浅淡，数值越大着色越明显，颜色饱和度也就越饱和，与透明到不透明的效果类似。在使用时可选择中间数值，通过不断地重叠绘制加深画面局部颜色，造成画面的浓淡变化。

❺ 新建空白图层

方法 1：在"图层"面板中单击面板底部的"创建新图层" 按钮。

方法 2：选择"图层"→"新建"→"图层"命令。

方法 3：单击"图层"面板右上角的 按钮，在弹出的菜单中选择"新建图层"命令，将打开"新建图层"对话框，单击 确定 按钮，即可创建新图层。具体图层知识请参照教学模块 4 图层的应用部分内容。

任务 3　绘制花朵邮票

任务目标：

1. 认识矢量图形工具。

2. 掌握矢量图形工具的基本操作。

3. 学会矢量图形工具的灵活应用。

4. 掌握锚点的设置方法。

5. 掌握画笔工具的设置。

微课8

绘制花朵邮票

任务说明:

本任务主要通过使用图形工具绘制花朵,效果图如图 3-3-1 所示。

图 3-3-1　绘制花朵邮票效果

完成过程

步骤 1　新建文件,大小为 800 像素×800 像素。RGB 模式,背景内容为白色。

步骤 2　设置前景色 RGB(170,170,170),按【Alt+Delete】键对文件进行前景色填充。

步骤 3　选择"多边形工具"，在其工具属性栏中单击　按钮,在属性栏设置"边数"为 5,绘制五边形路径。在得到的五边形路径的 5 条边上用"添加锚点工具"各添加一个锚点,如图 3-3-2 所示。

步骤 4　用"直接选择工具"调整锚点,将五边形的 5 个顶点向中心位置拖曳,单击添加上的另外 5 个锚点,拖动其方向线,调整弧度,绘制出花朵的外形,如图 3-3-3 所示。

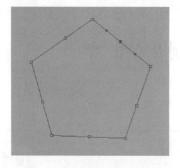

图 3-3-2　每边添加锚点

图 3-3-3　调整锚点后的效果

步骤 5　新建图层 1,在"路径"面板下方单击　按钮,将路径转换为选区,即可得到花朵形状的选区。使用"渐变工具"，渐变色彩设置如图 3-3-4 所示,颜色从左到右依次为 RGB(255,255,255)、RGB(249,52,52)、RGB(248,221,221)。

图 3-3-4 渐变色彩的编辑　　　　　　　图 3-3-5 渐变填充效果

步骤 6 在工具属性栏选择"径向渐变"  对选区进行填充,效果如图 3-3-5 所示。

步骤 7 添加花瓣的纹理。设置前景色为深红,用画笔工具(直径较小,流量 30%)在每个花瓣中间绘制一条细纹,绘制完成后按【Ctrl+D】键取消选区,如图 3-3-6 所示。

步骤 8 将得到的"花"拖曳到图像中间,选用"移动工具",按【Alt】键,同时用鼠标点住"花"并进行拖曳,到较合适的位置松开鼠标,即可得到复制的"花",重复以上操作,可得到"花簇",完成后取消选区。效果如图 3-3-7 所示。

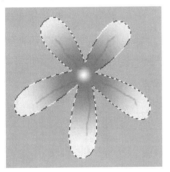

图 3-3-6 添加纹理　　　　　　　图 3-3-7 花簇效果

步骤 9 新建图层 2,在工具箱中选择"矩形选框工具" ,在"花簇"下方建立矩形选区,在工具属性栏选择"线性渐变" 从左到右填充色分别为 RGB(47,4,0)、RGB(128,10,6)。按【Ctrl+T】键,再按住【Ctrl+Alt+Shift】键进行透视变形,成为上宽下窄的花盆形状。如图 3-3-8 所示。

步骤 10 取消选区。将图层 2 移动至图层 1 的下方,即可得到一盆怒放的鲜花,如图 3-3-9 所示。

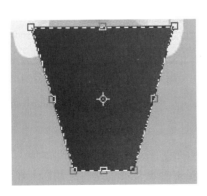

图 3-3-8 花盆效果　　　　　　　图 3-3-9 一盆怒放的鲜花

步骤 11 在工具箱中选择"矩形工具"，在工具属性栏选择"形状图形"，前景色设置为白色。在图像窗口建立略大于静物鲜花的选区，如图 3-3-10 所示。

步骤 12 在工具箱中选择"矩形工具"，在工具属性栏选择"从形状区域减去"，前景色设置为白色。在刚绘制的白色区域内创建选区，如图 3-3-11 所示。

图 3-3-10　矩形选区效果

图 3-3-11　从形状区域减去效果

步骤 13 打开"路径"面板，将路径转换为选区，按【Ctrl+D】键取消选区，得到白色边框。

步骤 14 在工具箱中选择"橡皮擦工具"，在工具属性栏选择"绘画"属性，打开"画笔"调板。设置各参数如图 3-3-12 所示。

步骤 15 按住【Shift】键沿图像四周擦出邮票锯齿，见图 3-3-1。

步骤 16 在票面上添加图 3-3-1 的文字，得到最终效果。

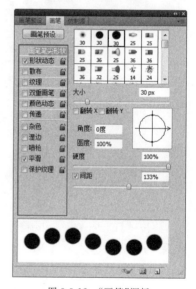

图 3-3-12　"画笔"调板

相关知识

本任务利用适量图形工具绘制花朵。矢量图形工具在类似于标志、卡通图案等绘制中的作用非常重要。

❶ 工具种类

（1）矩形工具 ：使用此工具，可以在图像文件中绘制矩形图形，按住【Shift】键可以绘制正方形。

（2）圆角矩形工具 ▣ :使用此工具,可以在图像文件中绘制具有圆角的矩形。当属性栏中的半径为 0 时,绘制出的图形为矩形。

（3）椭圆工具 ◯ :使用此工具,可以在图像文件中绘制椭圆图形,按住【Shift】键可以绘制圆形。

（4）多边形工具 ◉ :使用此工具,可以在图像文件中绘制正多边形或星形。在属性栏中可以设置多边形或星形的边数。

（5）直线工具 ＼ :使用此工具,可以绘制直线或带有箭头的线段。在属性栏中可以设置直线或箭头的粗细及样式。按住【Shift】键可以绘制 45°角倍数的直线或箭头。

（6）自定义形状工具 ⬚ :使用此工具,可以在图像文件中绘制出各类不同规格的图形和自定义图案。

② 注意事项

在使用"钢笔工具"绘制路径时,尽量减少锚点的数量以便绘制平滑的路径。

在"路径"面板使用描边路径选项时,可以考虑通过调整笔刷的形状和属性制作出具有创意效果的画面。

面对复杂图形时可考虑先把复杂图形简单化,归纳为基础的几何形态之后再通过路径的调整达到预期效果。

 经验指导

① 绘制风景画

绘制风景画的时候需要注意画面构图,中景、近景、远景之间的关系。画面需要注意色彩统一,用黑白灰的素描关系、细节刻画等方面表现出季节、气候、时间和空间深度,要能表达一种情绪和意境。如图 3-3-13 所示。

② 制作 IC 电话卡

在人们的日常生活中,各种类型的卡片随处可见,卡片本身就是要针对人们日常生活中各类应用性的卡片进行外观设计。除了其本身具有某些特定功能以外,在方寸之间准确传达信息,可以说是具有很高的艺术水准的。下面就向大家简单介绍一下制作卡片时的注意要点。首先,需要了解消费的群体,针对不同的消费对象选择不同的色调和画面内容。其次,如果整个卡面上都有底图,则必须留出一个出血位。出血位在冲切时将会被切掉。

卡片的标准尺寸是 85.5 mm×54 mm,厚度是 0.76 mm。但在制作时每边加出血 3 mm,就是 91.5 mm×60 mm,即内框规格 85.5 mm×54 mm,外框规格 91.5 mm×60 mm。卡片圆角为 12°。如图 3-3-14 所示。

③ 设计邮票

设计邮票时需要注意邮票上要加上面值,要有国名如"中国邮政 CHINA",在邮票的边缘要设计锯齿,锯齿是邮票和其他类型图片最大的区别。形状可以是正方形也可以是长方形。

图 3-3-13　风景画

图 3-3-14　卡片效果

拓展训练

训练 3-1　　绘制风景画

任务要求:

利用绘画与路径工具绘制风景画。

步骤指导:

(1)创建新文件。

(2)使用矩形工具分隔出天空和水面。

(3)用椭圆形工具绘制小鸭子,使用渐变工具进行着色。

(4)使用渐变工具制作渐变的水面效果。

(5)使用钢笔工具勾画白云和花朵。

任务效果:

训练 3-1 任务效果如图 3-3-15 所示。

图 3-3-15　训练 3-1 风景画效果

训练 3-2　制作美容卡

任务要求：

学会设计制作各类卡片的基本操作和技巧,灵活应用矢量图形和笔刷工具及相关面板。

步骤指导：

(1)创建新文件。

(2)使用钢笔工具通过添加和移动锚点,制作曲线造型。

(3)使用填充工具对卡片进行填色。

(4)使用文字工具添加文字。

(5)使用画笔工具在画笔调板调整笔尖间距,制作点状横线。

(6)选择叶子形状画笔进行最后的修饰。

任务效果：

训练 3-2 任务效果如图 3-3-16 所示。

图 3-3-16　训练 3-2 美容卡效果

训练 3-3　制作猴年邮票

任务要求：

学会制作邮票的基本操作和技巧,灵活应用路径工具和笔刷工具及相关面板。

步骤指导：

(1)创建新文件。

(2)选中图片做邮票内容。

(3)调整画笔笔尖间距。

(4)使用"橡皮擦工具"擦出锯齿边缘。

(5)添加文字。

任务效果：

训练 3-3 任务效果如图 3-3-17 所示(素材见附赠光盘教学模块 3/素材/猩猩献花)。

图 3-3-17　训练 3-3 邮票效果

模块 04

图层的应用

教学模块 4 前言

教学目标

　　通过"水晶按钮""新年明信片""奥运五环""运动会招贴画设计"四个任务的学习,了解图层的原理和特点,掌握创建和编辑图层的方法,掌握图层样式、图层混合模式、剪贴蒙版的应用方法和技巧。

教学要求

知识要点	能力要求	关联知识
图层的概念	熟练掌握图层基本操作	新建、删除、重命名
图层面板	熟练掌握图层面板的操作方法	层的合并、对齐、分布、链接、盖印
图层效果和图层样式	掌握图层样式的属性修改	斜面和浮雕、阴影、发光、等高线
图层混合模式	了解和灵活应用图层混合模式	图层面板、图层色彩混合模式
图层蒙版	掌握图层蒙版与矢量蒙版编辑	图层蒙版、矢量蒙版
剪贴蒙版	掌握用剪贴蒙版合成图像的方法	图层面板、剪贴蒙版

任务 1　水晶按钮

 任务目标：

1. 认识图层的概念。
2. 掌握图层的基本操作。
3. 学会图层面板的应用。
4. 掌握图层样式的设置方法。

微课9

水晶按钮

 任务说明：

本任务主要通过使用图层样式制作精美的水晶效果，效果如图 4-1-1 所示。

图 4-1-1　水晶按钮效果

 完成过程

步骤 1　新建文件，大小为 400 像素×400 像素。

步骤 2　使用"椭圆工具" ，在工具属性栏中选择"形状图层" 选项，绘制得到一个圆形的形状图层，名称为"形状 1"。

步骤 3　单击"图层"面板上"添加图层样式"按钮 ，如图 4-1-2 所示。

步骤 4　选择"投影"，设置如图 4-1-3 所示，颜色为 RGB(7,29,83)。

图 4-1-2　图层样式

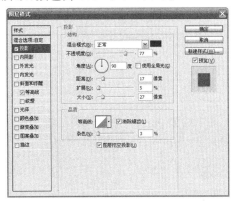

图 4-1-3　投影效果

步骤 5 选择"内阴影",设置如图 4-1-4 所示,颜色为 RGB(130,228,255)。内阴影等高线设置如图 4-1-5 所示。

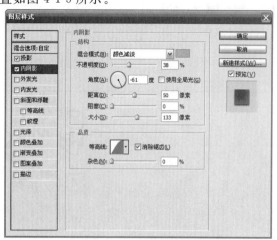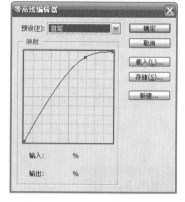

图 4-1-4 内阴影设置　　　　　　　　　　　　图 4-1-5 内阴影等高线设置

步骤 6 选择"内发光",设置如图 4-1-6 所示,颜色为 RGB(0,45,98)。

步骤 7 选择"斜面和浮雕",设置如图 4-1-7 所示,颜色为 RGB(25,45,75)。

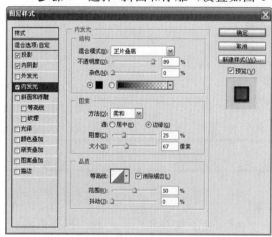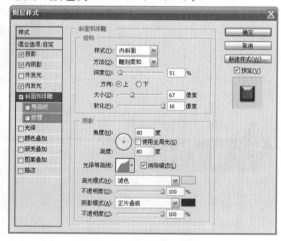

图 4-1-6 内发光设置　　　　　　　　　　　　图 4-1-7 斜面和浮雕设置

步骤 8 阴影等高线设置如图 4-1-8 所示。斜面和浮雕等高线设置如图 4-1-9 所示。

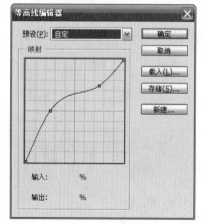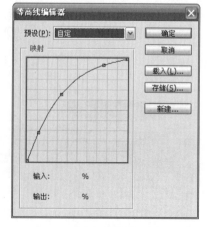

图 4-1-8 阴影等高线设置　　　　　　　　　　图 4-1-9 斜面和浮雕等高线设置

步骤 9　选择"光泽",设置如图 4-1-10 所示,颜色为 RGB(185,230,255)。

步骤 10　选择"颜色叠加",设置如图 4-1-11 所示,颜色为 RGB(34,105,195)。

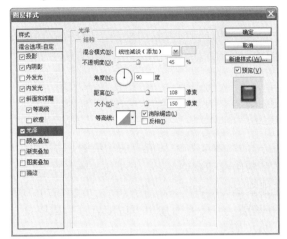
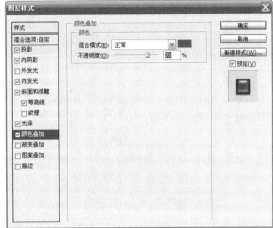

图 4-1-10　光泽设置　　　　　　　　　　　　　　　图 4-1-11　颜色叠加设置

步骤 11　选择"渐变叠加",设置如图 4-1-12 所示,颜色为 RGB(128,223,255)到 RGB(0,6,103)渐变。

步骤 12　选择"描边",设置如图 4-1-13 所示,颜色为 RGB(49,69,197)。

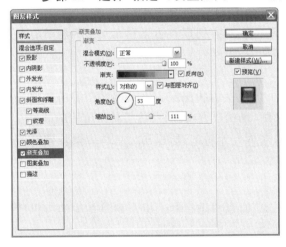
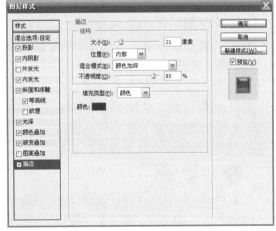

图 4-1-12　渐变叠加设置　　　　　　　　　　　　　　图 4-1-13　描边设置

步骤 13　单击【确定】按钮,完成水晶按钮的制作。

　相关知识

本任务包含对图层的基本操作并应用了丰富的图层样式。

在 Photoshop 中,一幅作品往往是由多个图层组成的,一个文件中的所有图层都具有相同的分辨率、颜色模式以及通道数。每个图层中用于放置不同的图像,并通过这些图层的叠加来形成所需的图像效果,用户可以独立地对每一个图层中的图像进行编辑或添加图像样式等效果,而对其他图层没有任何影响。当删除一个图层中的图像时,该区域将显示出下层图像。因此,图层为我们修改、编辑图像提供了极大的灵活性与方便性,可以任意修改一个图层中的图像,而不必顾虑其他图层。

图层是用于绘制图像的透明画布,就好像是一张张透明的胶片,把图像的不同部分绘制于不同的图层中,叠放在一起便形成了一幅完整的图像。

❶ 图层的分类

在 Photoshop 中,可以将图层分为 6 种类型,分别是背景图层、普通图层、调整图层、填充图层以及文字图层和形状图层。

(1)背景图层:该图层始终位于图像的最下层,一个图像文件中只能有一个背景图层,建立新文件时将自动产生背景图层。在背景图层中许多操作都受到限制,不能移动背景图层,不能改变其不透明度,不能使用图层样式,不能调整其排列次序等。

(2)普通图层:是指用于绘制、编辑图像的一般图层。在普通图层中可以随意地编辑图像,在没有锁定图层的情况下,任何操作都不受限制。

(3)调整图层:它是一种特殊的色彩校正工具。通过它可以调整位于其下方的所有可见层的像素颜色,而不必对每一个图层都进行色彩调整,同时它又不影响原图像的色彩,就像戴上墨镜看风景一样,所以在图像的色彩校正中有较多的应用。

(4)填充图层:使用"新建填充图层"命令可以在"图层"面板中创建填充图层。填充图层有三种形式,分别是纯色填充、渐变填充和图案填充。

(5)文字图层:当向图像中输入文字时,将自动产生文字图层。由于它对文字内容具有保护作用,因此在该图层上许多操作都受到限制,例如:不能使用绘图工具对文字图层绘画,不能对文字图层填充颜色等。

(6)形状图层:当使用形状工具绘制图形时,可以产生形状图层。该类型的图层由两部分构成,一部分是图层本身,另一部分是矢量图形蒙版,也就是说,使用形状工具绘出的图形可以理解为是由图层蒙版产生的图形。因为这种图层蒙版是矢量的,所以用户可以方便地调整其外形。详细内容见模块 7 蒙版的介绍。

❷ "图层"面板

在 Photoshop 中,对图层的操作主要是在"图层"面板中进行的。单击菜单栏中的"窗口"→"图层"命令,或者按下【F7】键,可以打开"图层"面板,如图 4-1-14 所示。

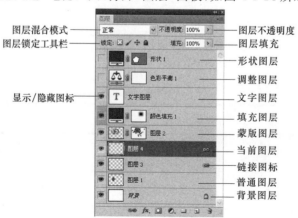

图 4-1-14 "图层"面板

Photoshop 允许用"图层"面板管理图层。例如创建、隐藏、显示、复制、删除图层,更改图层顺序等,还可以使用调整图层、填充图层和图层样式创建各种效果。一幅图像无论由多少图层构成,用户只能同时编辑一个图层,这个图层称为当前图层,在"图层"面板中,当前图层呈蓝色显示。如果当前图层中有选区,那么所有操作都只针对该层选区内的图像,非选区不受影响。"图层"面板中各选项的作用介绍如下:

(1)图层混合模式 正常 :用于设置当前图层与它下一层图层叠合在一起的混合效果,共有 27 种模式。

(2)图层不透明度 不透明度 :用于设置当前图层的不透明度。

通过改变"不透明度"的值可以控制当前图层的不透明程度,不仅是图像内容,用到该图层上的图层样式、合成模式也都受到影响。

(3)图层填充 填充 :用于设置当前图层内容的填充不透明度。改变"填充"选项的值,可以控制当前图层填充内容的不透明度,该选项不影响图层样式、合成模式等。

(4)图层锁定工具栏 锁定: :共有 4 个工具图标,单击不同的按钮时可以锁定相关的内容,不允许用户进行编辑。

各图标的作用如下:

①锁定透明像素工具 :单击 按钮,使之呈凹陷状态,则图层中的透明区域受到保护,不允许被编辑。

②锁定图像像素工具 :单击 按钮,使之呈凹陷状态,则图层中的图像内容都受到保护,不允许被编辑。

③锁定位置工具 :单击 按钮,使之呈凹陷状态,则图层的位置被锁定,不允许被移动。

④全部锁定工具 :单击 按钮,使之呈凹陷状态,将全部锁定图层,即锁定透明像素、图像像素、位置。

(5)显示/隐藏图标 :用于显示或隐藏图层。

(6)"添加图层样式"按钮 :用于为当前图层添加图层样式效果,单击该按钮,将弹出下拉菜单,从中可以选择相应的命令为图层增加特殊效果。

(7)"添加图层蒙版"按钮 :单击该按钮,可以为当前图层添加图层蒙版。

(8)"创建新组"按钮 :单击该按钮,可以创建新的图层组,它可以包含多个图层,并可将这些图层作为一个对象进行查看、复制、移动、调整顺序等操作。

(9)"创建填充或调整图层"按钮 :用于创建填充或调整图层,单击该按钮,在弹出的下拉菜单中可以选择所需的调整命令。

(10)"创建新图层"按钮 :单击该按钮,可以创建一个新的空白图层。

(11)"删除图层"按钮 :单击该按钮,可以删除当前图层。

(12)"图层面板菜单"按钮 :单击该按钮,将弹出一个下拉菜单,主要用于新建、删除、链接以及合并图层。

❸ 编辑图层

在 Photoshop 中,用户可以对图层进行多种编辑操作,如复制、删除、对齐与分布、调整图层等,从而创作出丰富多彩的图像效果。图层的编辑主要是通过"图层"面板和"图层"菜单完成的。

（1）复制图层

复制图层可以产生一个与原图层完全一样的图层副本。复制图层可以在同一图像内进行，也可以在不同图像窗口之间进行。

复制图层的方法如下：

①同一图像窗口的复制图层

将光标指向要复制的图层后按住鼠标左键向下拖动至 ⬛ 按钮上，这时可以复制一个图层副本。

②不同图像窗口的复制图层

方法 1：如果需要在不同的图像窗口之间复制图层，则可以在"图层"面板中单击需要复制的图层的预览图，直接拖曳至另一个图像窗口中即可。

方法 2：使用"移动工具"将需要复制的图层从一个图像窗口直接拖曳到另一个图像窗口，可以在两个图像窗口之间复制图层。

方法 3：选择菜单栏中的"图层"→"复制图层"命令，则弹出"复制图层"对话框，通过该对话框可以复制当前图层，并且可以将当前图层复制到同一图像窗口中，也可以将其复制到其他已经打开的图像窗口中，还可以复制为一个单独的新文件。

（2）删除图层

对不需要的图层可以进行删除。

在"图层"面板中选择图层，要经过确认再删除图层，单击"删除图层"按钮 ⬛，或者从"图层"菜单或"图层"面板菜单中选择"删除图层"命令。如果需要直接删除（不需要先经过确认）图层，将图层拖曳到"删除图层"按钮 ⬛ 即可。

4 图层样式

图层样式是应用于一个图层或图层组的一种或多种效果。可以应用 Photoshop 自身提供的某一种预设样式，或者使用"图层样式"对话框来创建自定样式。应用图层样式后，"添加图层样式"图标 **fx.** 将出现在"图层"面板中图层名称的右侧。可以在"图层"面板中展开样式，以便查看或编辑合成样式的效果。通过设置图层样式，可以制作出各种丰富的图层效果。下面我们进一步学习图层样式的详细设置和应用。

（1）关于图层样式

图层样式就是为图层额外添加的各种丰富的效果，用来制作不同的特效，当对这些效果不满意的时候，还可以很方便地修改和删除。Photoshop 自带的图层样式按功能能划分在不同的库中，可以从"样式"面板中应用预设样式。

（2）显示样式

选择"窗口"→"样式"命令，打开"样式"面板，如图4-1-15 所示。通过选择"样式"菜单中的命令，可以对"样式"面板的显示、样式的类型进行设置。

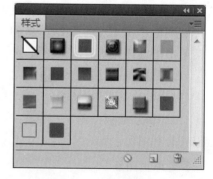

图 4-1-15 "样式"面板

（3）对图层应用预设样式

Photoshop CS5 预设了很多图层样式，可通过"样式"面板查看，使用鼠标在默认的样式缩略图上单击，即可应用样式。

（4）自定义样式

系统预设的样式很有限，在实际的作图过程中，往往需要根据实际需求，自己来创建图层样式。可以创建自定样式并将其存储为预设，然后通过"样式"面板使用此预设。还可以在库中存储预设样式，并在需要这些样式时通过"样式"面板载入或移出。自定义样式的操作如下：

方法1：在"图层"面板中，选择包含要存储为预设样式的图层。单击"样式"面板的空白区域或按住【Alt】键并单击下方的"新建样式"按钮 ▣。

方法2：在"图层"面板中，选择包含要存储为预设样式的图层。选取"图层"→"图层样式"→"混合选项"或单击"图层"面板下方的"添加图层样式"按钮 ，选择"混合选项"，在打开的"图层样式"对话框中，单击【新建样式】按钮。

（5）复制和粘贴图层样式

复制和粘贴图层样式是对多个图层应用相同效果的便捷方法。

方法1：在"图层"面板中，选择包含要复制样式的图层，选择"图层"→"图层样式"→"复制图层样式"命令。

从面板中选择目标图层，然后选择"图层"→"图层样式"→"粘贴图层样式"命令。粘贴的图层样式将替换目标图层上现有的图层样式。

方法2：在"图层"面板中，按住【Alt】键并将单个图层效果从一个图层拖动到另一个图层以复制图层效果。或将"效果"栏从一个图层拖动到另一个图层也可以复制图层样式。

（6）不能将图层样式应用于背景图层、锁定的图层或组上。

（7）清除图层样式

当新建的图层样式不需要的时候，可以将图层样式删除，而不会影响到当前图像。

方法1：在"图层"面板中，右击要删除样式的图层，在弹出的快捷菜单中选择"清除图层样式"。

方法2：在"图层"面板中，将需要删除的某个效果选中，拖到"删除图层"按钮上，可以删除选定的单个效果，如果将"图层样式"图标 选择并拖动到"删除图层"按钮上，则可以将所有图层样式清除。

（8）常用图层样式

①投影：为图层上的对象、文本或形状外侧添加阴影效果。投影参数由"混合模式""不透明度""角度""距离""扩展"和"大小"等选项组成，通过对这些选项的设置可以得到需要的效果。

②内阴影：在图层对象、文本或形状的内边缘添加阴影，让图层产生一种凹陷外观，内阴影效果对文本对象效果更佳。

③外发光：在图层对象、文本或形状的边缘向外添加发光效果。设置参数可以让对象、文本或形状更精美。

④内发光：在图层对象、文本或形状的边缘向内添加发光效果。

⑤斜面和浮雕："样式"下拉菜单将为图层添加高亮显示和阴影的各种组合效果。

"斜面和浮雕"对话框样式参数含义如下：

·外斜面：沿对象、文本或形状的外边缘创建三维斜面。

·内斜面：沿对象、文本或形状的内边缘创建三维斜面。

·浮雕效果：创建外斜面和内斜面的组合效果。

·枕状浮雕：创建内斜面的反相效果，使对象、文本或形状看起来下沉。

·描边浮雕：只适用于描边对象，只有在应用描边浮雕效果时才打开描边效果。

⑥光泽：对图层对象内部应用阴影，与对象的形状互相作用，通常用于创建规则波浪形状，产生光滑的磨光及金属效果。

⑦颜色叠加：在图层对象上叠加一种颜色，即用一层纯色填充到应用样式的对象上。"设置叠加颜色"选项可以通过"选取叠加颜色"对话框选择任意颜色。

⑧渐变叠加：在图层对象上叠加一种渐变颜色，即用一层渐变颜色填充到应用样式的对象上。通过"渐变编辑器"还可以选择使用其他的渐变颜色。

⑨图案叠加：在图层对象上叠加图案，即用一致的重复图案填充对象。通过"图案拾色器"还可以选择其他的图案。

⑩描边：使用颜色、渐变颜色或图案描绘当前图层上的对象、文本或形状的轮廓，对于边缘清晰的形状（如文本），这种效果更明显。

（9）图层样式的优点

①应用的图层效果与图层紧密结合，即如果移动或变换图层对象、文本或形状，图层效果就会自动随着图层对象、文本或形状移动或变换。

②图层效果可以应用于标准图层、形状图层和文本图层。

③可以为一个图层应用多种效果。

④可以从一个图层复制效果，然后粘贴到另一个图层。

任务 2　新年明信片

任务目标：

1. 掌握文字图层的应用。
2. 掌握链接图层的应用。
3. 掌握"图层"面板的选项设置。

微课10

新年明信片

任务说明：

本任务主要通过文字图层、链接图层及图层样式的应用来实现新年明信片效果，效果图如图 4-2-1 所示。

图 4-2-1　新年明信片效果图

完成过程

步骤 1　新建一个空白文档,大小为 148 毫米×100 毫米,名称默认为"未标题-1",分辨率为 300 像素/英寸,RGB 颜色模式,如图 4-2-2 所示。

步骤 2　选择"窗口"→"图层"命令,或者按下【F7】键,可以打开"图层"面板。单击 按钮,新建图层 1。在工具栏中单击前景色标,打开拾色器,设置前景色为 RGB(236,47,16),选择"编辑"→"填充"命令填充图层 1,如图 4-2-3 所示。

图 4-2-2　新建空白文档

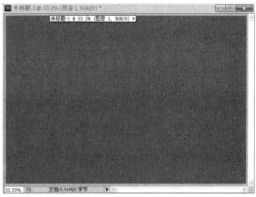

图 4-2-3　填充图层 1

步骤 3　选择"文件"→"打开"命令打开素材文档中的图像文档"黄色底纹.jpg"(附赠光盘教学模块 4/素材/黄色底纹.jpg)。选择"移动工具" 将图像移动到"未标题-1"文件中,形成图层 2,选中该图像,选择"编辑"→"变换"→"缩放"命令,调整其大小与画布一致。图层效果如图 4-2-4 所示。

步骤 4　选择"椭圆选框工具" ,设置"羽化值"为 20,在图层 2 的图像中心偏上位置做一个正圆,选择"选择"→"反向"命令,按【Delete】键删除外围部分,然后将图层 2 改为"线性减淡(添加)"模式,"不透明度"改为 50%,效果如图 4-2-5 所示。

图 4-2-4　图层 2

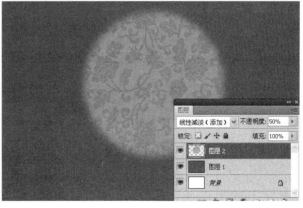

图 4-2-5　"线性减淡(添加)"模式效果

步骤 5　在"未标题-1"文档中新建图层 3。单击前景色标,打开拾色器,设置前景色为

RGB(180,24,14)。接着单击工具箱中的"渐变工具" ，并在"渐变编辑器"中选择预设为"从前景色到透明",然后在工具属性栏中单击 按钮,并勾选"反向"。最后在图层 3 正中向四周拖动,建立中间透明,四周为深红色的渐变效果,如图 4-2-6 所示。

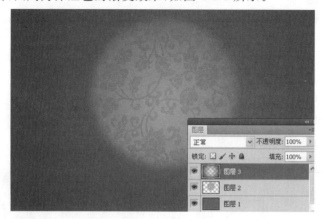

图 4-2-6 渐变效果

步骤 6 激活打开的素材文档"黄色底纹.jpg"窗口,单击工具箱中的"矩形选框工具" ,设置"羽化值"为 20,在其图像中创建一个长方形选区,并将选区内容复制到"未标题-1"文档中,调整其大小,放置在图像底部,即图层 4。并把该图层改为"颜色减淡"模式,"不透明度"改为 49%,如图 4-2-7 所示。

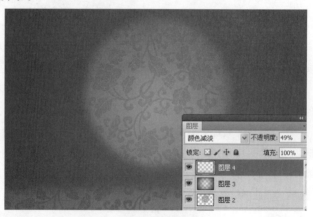

图 4-2-7 "颜色减淡"模式

步骤 7 打开另一个文档"中国结.jpg"(附赠光盘教学模块 4/素材/中国结.jpg),用"魔棒工具" 选中全部白色部分,再选择"选择"→"反向"命令,将中国结选中并复制到"未标题-1"文档中,即图层 5,图层效果如图 4-2-8 所示。

步骤 8 将"中国结"放置在图像右上角。单击"图层"面板下方的 按钮,为"中国结"添加投影效果,"不透明度"为 19%,"角度"为 120 度,"距离"为 8 像素,"扩展"为 11%,"大小"为 10 像素,如图 4-2-9 所示。

步骤 9 单击工具箱"横排文字工具" ,在图像中输入"福"字,颜色为黑色,字体为"华文行楷","字号"为 50 点。

图 4-2-8 图层 5

在"图层样式"对话框中为"福"字添加外发光效果,"混合模式"为"滤色","不透明度"为 56%,"方法"为"柔和","扩展"为 17%,"大小"为 10 像素,等高线范围为 50%,"图层样式"对话框如图 4-2-10 所示,图像效果如图4-2-11所示。

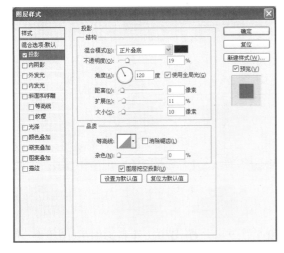
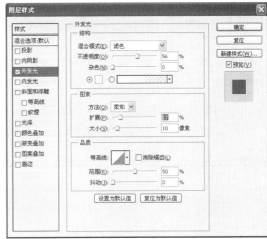

图 4-2-9　为"中国结"添加投影效果　　　　　　图 4-2-10　设置外发光

步骤 10　单击工具箱"横排文字工具" T.,在图像中央输入"2018",字体为"Benguiat Bk BT","字号"为 80 点,"颜色"为白色。然后为该文字图层添加投影效果,在"图层样式"对话框中设置"不透明度"为 68%,"角度"为 120 度,"距离"为 10 像素,"扩展"为 16%,"大小"为 40 像素,效果如图 4-2-12 所示。

图 4-2-11　外发光效果　　　　　　图 4-2-12　为"2018"文字图层添加投影效果

步骤 11　接着为"2018"文字图层添加外发光效果,"混合模式"为"滤色","不透明度"为 31%,"杂色"为 12%,颜色为 RGB(241,183,58),"方法"为"柔和","扩展"为 15%,"大小"为 120 像素,"等高线"为高斯分布,"范围"为 50%,如图 4-2-13 所示。

步骤 12　接着为"2018"文字图层添加内发光效果,"混合模式"为"正常","不透明度"为 75%,"杂色"为 0%,颜色为 RGB(255,255,190),"方法"为"柔和","源"为"边缘","阻塞"为 8%,"大小"为 16 像素,"等高线"为半圆,"范围"为 25%,"抖动"为 10%,如图 4-2-14 所示。

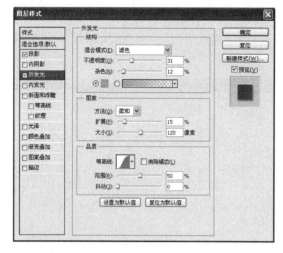

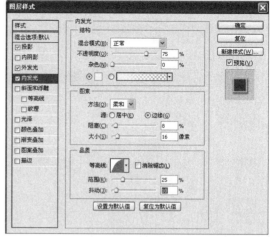

图 4-2-13　为"2018"文字图层添加外发光效果　　　　　图 4-2-14　为"2018"文字图层添加内发光效果

步骤 13　接着为"2018"文字图层添加斜面和浮雕效果，"样式"为"外斜面"，"方法"为"平滑"，"深度"为 241%，"方向"为"上"，"大小"为 5 像素，"软化"为 11 像素。阴影"角度"为 120度，"高度"为 30 度，高光模式不透明度为 75%，阴影模式不透明度为 75%，如图 4-2-15 所示。

步骤 14　接着为"2018"文字图层添加等高线效果，"等高线"为高斯分布，"范围"为 40%，如图 4-2-16 所示。

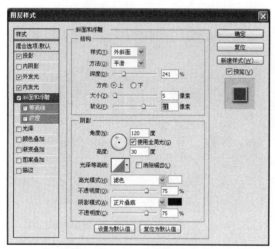

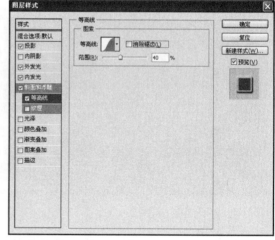

图 4-2-15　为"2018"文字图层添加斜面和浮雕效果　　　图 4-2-16　为"2018"文字图层添加等高线效果

步骤 15　接着为"2018"文字图层添加光泽效果，颜色为 RGB(242,197,18)，"不透明度"为 20%，"角度"为 135 度，"距离"为 56 像素，"大小"为 0 像素，"等高线"为内凹-浅，勾选"反相"复选框，如图 4-2-17 所示。

步骤 16　接着为"2018"文字图层添加渐变叠加效果，单击"图层样式"对话框中的

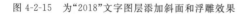，打开"渐变编辑器"窗口，新建一个 5 色渐变效果。5 种颜色从左至右依次为

RGB(255,205,32);RGB(255,246,224);RGB(238,162,15);RGB(255,246,228);RGB(255,203,56),单击【确定】按钮,如图 4-2-18 所示。

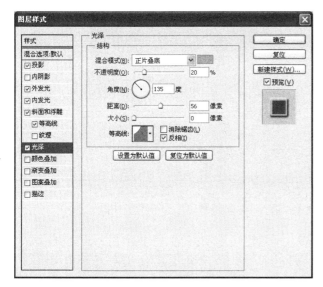

图 4-2-17　为"2018"文字图层添加光泽效果　　　　图 4-2-18　"渐变编辑器"窗口

步骤 17　渐变颜色设置完毕后,"样式"设置为"线性",勾选"与图层对齐"复选框,"角度"为－90 度,"缩放"为 85%,如图 4-2-19 所示。单击【新建样式】按钮,则弹出"新建样式"对话框,"名称"为"金属",将此样式存储到"样式"面板中,如图 4-2-20 所示。

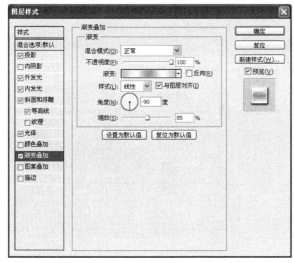
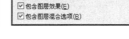

图 4-2-19　为"2018"文字图层添加渐变叠加效果　　　图 4-2-20　"新建样式"对话框

步骤 18　"2018"文字图层设置完毕后,如图 4-2-21 所示。

图 4-2-21　"2018"文字图层设置完毕

步骤 19　单击工具箱"横排文字工具" T.，在"2018"文字正下方输入汉字"恭贺新禧"，字体为"方正舒体"，"字号"为 45 点，颜色为黑色。并为该图层添加投影效果，投影颜色为 RGB（122,75,7）。"不透明度"为 86％，"角度"为 120 度，"距离"为 14 像素，"扩展"为 17％，"大小"为 32 像素，如图 4-2-22 所示。单击【新建样式】按钮，则弹出"新建样式"对话框，"名称"为"投影"，将此样式存储到"样式"面板中。

步骤 20　将"恭贺新禧"图层的填充不透明度设为 0％，如图 4-2-23 所示。

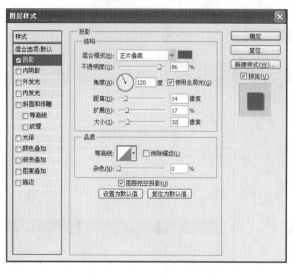

图 4-2-22　为"恭贺新禧"图层添加投影效果　　　　　图 4-2-23　设置填充不透明度

步骤 21　打开素材文档"角纹.jpg"（附赠光盘教学模块 4/素材/角纹.jpg），用"魔棒工具" 选中全部白色部分，再选择"选择"→"反向"命令，将绿色图形选中，复制到"未标题-1"中，即图层 6。然后调整其方向和大小，放置在"恭贺新禧"左侧，选择"窗口"→"样式"命令，打开"样式"面板，选择面板中"金属"效果（前面步骤 17 已设置），如图 4-2-24 所示。

步骤 22 将光标指向图层 6 后按住鼠标左键向下拖动至 按钮上，复制图层 6，得到"图层 6 副本"，并将其水平翻转。同时选中图层 6、图层 6 副本及"恭贺新禧"三个图层（按住【Ctrl】键可以同时选择多个图层），单击"图层"面板下方的"链接"按钮 ，将这三个图层进行链接，然后选择"图层"→"对齐"→"垂直居中"命令，将三层对齐。效果如图 4-2-25 所示。

图 4-2-24 设置"金属"效果　　　　　　　　图 4-2-25 链接三个图层

步骤 23 单击工具箱"横排文字工具" ，在"2018"文字正下方输入汉字"2018 农历戊戌年"，字体为"华文中宋"，"字号"为 10 点，颜色为黑色，调整字间距与上方"2018"文字的宽度。并为该层添加外发光效果，"混合模式"为"滤色"，"不透明度"为 40％，"方法"为"柔和"，"扩展"为 10％，"大小"为 18 像素，等高线范围为 50％，效果如图 4-2-26 所示。

图 4-2-26 设置汉字"2018 农历戊戌年"

步骤 24 单击工具箱"直排文字工具" ，在图像左侧输入汉字"日暖风调雨顺"，在图像右侧输入汉字"家和人寿年丰"，字体为"华文行楷"，"字号"为 30 点，颜色为黑色。并为该层添加样式效果，选择"窗口"→"样式"命令，打开"图层样式"对话框，选择"投影"效果（步骤 19 已设置），将文字"日暖风调雨顺"层和文字"家和人寿年丰"层的填充不透明度设为 0％，效果如图 4-2-27 所示。

图 4-2-27 输入直排文字

步骤 25　将"日暖风调雨顺"和"家和人寿年丰"两个图层链接并对齐,最终效果见图 4-2-1。

步骤 26　选择"文件"→"存储"命令,保存文件。

 相关知识

　　本任务应用了大量的文字图层和链接图层,并且对图层的合成模式、不透明度等选项进行了设置。

① 文字图层

　　在平面设计中,文字对于图像而言,往往起着诠释作品、传达信息、画龙点睛的作用,因此文字的效果也是不容忽视的。

　　在 Photoshop 中,输入文字时将自动产生一个图层,这个图层称为文字图层,图层名称就是输入的文字。一方面,文字图层与普通图层具有许多相同的属性,包括不透明度、合成模式、图层样式等。另一方面,文字图层又具备自己的特点。例如,文字图层可以编辑文字但不能使用填充和编辑工具。

　　如果用户需要对文字图层进行编辑,必须将文字图层转换为普通图层,但它转换后就不再具有文本属性。

　　Photoshop 的文字工具包含两类:文字工具和文字蒙版工具,按住工具箱中的文字工具 **T.** 按钮不放,将显示出文字工具组中的其他工具。按照创建文字方向不同,又可分为横排文字和直排文字。其中,横排文字工具 **T.** 和直排文字工具 **IT.** 分别用于输入横排和直排文字,横排文字蒙版工具 **T.** 和直排文字蒙版工具 **IT.** 分别用于创建横排和直排文字选区。

　　选择文字工具后,出现的文字工具属性栏中的各选项及按钮功能如下:

　　(1) **IT** :切换文本取向。

　　(2) 微软雅黑 ▽ :设置字体。

　　(3) **T** 18点 ▽ :设置字体大小。

　　(4) aa 平滑 ▽ :设置消除锯齿的方法。

　　(5) ▤▤▤ :设置对齐方式。

　　(6) ▆ :设置文字颜色。

　　(7) Ⅰ :创建文字变形。

　　(8) ▤ :设置字符和段落的格式。

② 链接图层

　　通常情况下,对图像文件进行编辑操作时只会影响到当前图层。如果需要对不同的图层同时进行操作,例如移动、变换、对齐等,则需要先将图层建立链接。图层与图层之间建立了链接关系以后,可以保持它们的相对空间位置不变,例如,当移动一个图层时,与它链接的图层也会随之移动。

对于链接的图层,可以执行下列任务:变换、对齐、合并、移动、分布等。

链接图层的操作步骤如下:

(1)在"图层"面板中选中需要链接成一组图层中的任意一个图层,使其成为当前图层。

(2)然后按住【Ctrl】键的同时在其他需要链接的图层上单击,将需要链接的图层全部选中。

(3)单击"图层"面板下方的链接按钮 👄 ,则选中的图层右边就会出现 👄 链接图标,表示所选图层已被链接成为一组。

(4)图层被链接后,再次单击链接按钮 👄 ,即可取消链接。

3 图层混合模式

图层混合模式决定其像素如何与图像中的下层像素进行混合,使用混合模式可以创建各种特殊效果。单击"图层"面板,可在 正常 ▽ 下拉列表中选择需要的模式。为了使读者更好地理解这部分内容,在介绍混合模式之前先了解三个术语:基色,是指当前图层之下的图层颜色;混合色,是指当前图层的颜色;结果色,是指图层混合后得到的颜色。

(1)正常模式:也是默认的模式。不和其他图层发生任何混合,使用时用当前图层像素的颜色覆盖下层颜色。

(2)溶解模式:溶解模式产生的混合色来源于混合色与基色的一个随机置换值,与像素的不透明度有关。使用时,该模式把当前图层的像素以一种颗粒状的方式作用到下层,以获取溶入式效果。将图层控制板中不透明度值调低,溶解效果更加明显。

(3)变暗模式:考察每一个通道的颜色信息以及相混合的像素颜色,选择较暗的像素作为混合的结果。颜色较亮的像素会被颜色较暗的像素替换,而较暗的像素不会发生变化。

(4)正片叠底模式:考察每个通道里的颜色信息,并对基色进行正片叠加处理,这样混合产生的颜色总是比原来的暗。如果和黑色发生混合,产生的就只有黑色,如果与白色混合就不会产生任何变化。

(5)颜色加深模式:查看每个通道中的颜色信息通过增加对比度使基色变暗,与白色混合后不产生变化。

(6)线性加深模式:通过降低亮度,让基色变暗以反映混合色彩,和白色混合不产生变化。

(7)变亮模式:比较相互混合的像素亮度,混合颜色中较亮的像素不变,较暗的像素则被替代。

(8)滤色模式:系统将混合色与基色相乘,再转为互补色,利用这种模式得到结果色通常为亮色。

(9)颜色减淡模式:与颜色加深模式刚好相反,通过降低对比度,加亮基色来反映混合色彩,与黑色混合没有任何变化。

(10)线性减淡(添加)模式:它通过增加亮度使得基色变亮,以此获得混合色彩。与黑色混合没有任何变化。

(11)叠加模式:将混合色与基色叠加,并保持基色的亮度,此时基色不会被代替。但与混合色混合,将反映原色的明暗度。

（12）柔光模式：作用效果如同是打上一层色调柔和的光，因而被称之为柔光。作用时将混合色以柔光的方式施加到下层。当基色的灰阶趋于高或低，则会调整图层合成结果的阶调趋于中间的灰阶调，而获得色彩较为柔和的合成效果。如果直接使用黑色或白色去进行混合的话，能产生明显的变暗或者提亮效果，但是不会让覆盖区域产生纯黑或者纯白的效果。

（13）强光模式：根据混合色不同，使像素变亮或变暗，产生的效果就好像为图像打上强烈的聚光灯一样。如果上层颜色（光源）亮度高于 50％灰，图像就会被照亮，有利于为图像增加亮光。反之，如果混合色亮度低于 50％灰，图像就会变暗，该模式能为图像添加阴影。如果用纯黑或者纯白来进行混合，得到的也将是纯黑或者纯白的效果。

（14）亮光模式：调整对比度以加深或减淡颜色，取决于混合色分布。如果混合色（光源）亮度高于 50％灰，图像将被降低对比度并且变亮；如果混合色（光源）亮度低于 50％灰，图像会被提高对比度并且变暗。

（15）线性光模式：如果混合色（光源）亮度高于 50％灰，则用增加亮度的方法来使得画面变亮，反之用降低亮度的方法来使画面变暗。

（16）点光模式：按照混合色分布信息来替换颜色。如果混合色（光源）亮度高于 50％灰，比混合色暗的像素将会被取代，而较亮的像素则不发生变化。如果混合色（光源）亮度低于 50％灰，比混合色亮的像素会被取代，而较暗的像素则不发生变化。

（17）差值模式：根据基色和混合色的亮度分布，对上下层像素的颜色值进行相减处理。比如，用白色来进行混合，会得到反相效果（基色被减去，得到补值），而用黑色的话不发生任何变化（黑色亮度最低，基色颜色减去最小颜色值 0，结果和原来一样）。

（18）排除模式：和差值模式类似，但是产生的对比度会较低，从而更柔和。

（19）色相模式：决定结果色的参数，包括基色的明度与饱和度、混合色的色相。

（20）饱和度模式：决定结果色的参数，包括基色的明度与色相、混合色的饱和度。按这种模式与饱和度为 0 的颜色混合（灰色）不产生任何变化。

（21）颜色模式：决定结果色的参数，包括基色的明度、混合色的色相与饱和度，能保留原有图像的灰度细节。这种模式能用来对单色或者彩色的图像上色。

（22）明度模式：决定结果色的参数，包括基色的色相与饱和度、混合色的亮度。

任务 3　奥运五环

 任务目标：

1. 掌握图层的对齐和分布操作。

2. 掌握图层选区的操作。

3. 掌握图层合并的方法。

微课11

奥运五环

任务说明：

本任务主要通过图层选区操作、图层对齐操作及合并图层来制作"奥运五环"，效果图如图4-3-1所示。

图 4-3-1 奥运五环效果

完成过程

步骤1 新建文件，大小为 500 像素×400 像素，RGB 模式，白色背景，分辨率为 200 像素/英寸。

步骤2 选择"视图"→"标尺"命令，显示标尺。

步骤3 单击"图层"面板的"新建图层"按钮，新建图层 1，做水平和垂直两条参考线，选择"椭圆选框工具"，以两条参考线交点为圆心，按住【Alt＋Shift】键拖曳鼠标得到一个正圆选区，填充蓝色。取消选区，再以该交点为圆心，按住【Alt＋Shift】键拖曳鼠标得到一个比刚才小一些的正圆选区，按【Delete】键删除，在图层 1 上得到一个蓝色的环，将图层 1 改名为"蓝环"，如图 4-3-2 所示。

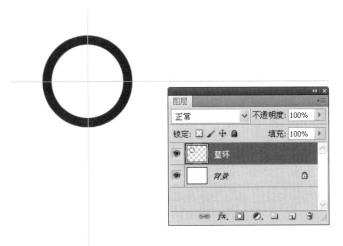

图 4-3-2 制作"蓝环"

步骤 4 拖曳"蓝环"图层至"图层"面板下方的"新建图层"按钮 后松开鼠标左键，生成"蓝环 副本"层。如图 4-3-3 所示。

步骤 5 将"蓝环 副本"图层改名为"黑环"。按住【Ctrl】键单击"图层"面板中"黑环"图层的缩略图，得到该图层的选区，然后填充黑色。用"移动工具"将黑环移到蓝环右侧的位置，效果如图 4-3-4 所示。

图 4-3-3 "蓝环 副本"层

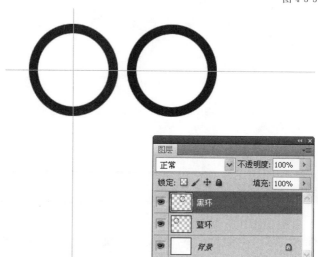

图 4-3-4 制作"黑环"

步骤 6 用同样的方法得到"红环""黄环""绿环"三个图层。摆放五个环的位置如图 4-3-5 所示。

图 4-3-5 摆放五个环的位置

步骤 7 选择"视图"→"显示"→"参考线"命令，隐藏参考线。

步骤 8 选择"红环""黑环""蓝环"三个图层并链接，以"蓝环"图层为当前图层，选择"图层"→"对齐"→"顶端对齐"命令，则以"蓝环"图层为基准进行顶端对齐。选择"黑环"图层，选择"图层"→"分布"→"水平居中"命令，将"黑环"放到"蓝环"和"红环"中间。

步骤 9 同样的方法将"黄环""绿环"的位置调整好。

步骤 10 制作从左向右环环相扣的"套环"效果。按【Ctrl】键的同时单击"黄环"图层缩略图，得到黄色圆环选区。按【Alt＋Shift＋Ctrl】键，同时单击"蓝环"图层缩略图，得到这两个图层相交的选区。如图 4-3-6 所示。

步骤 11　选择"椭圆选框工具",按【Alt】键同时拖动鼠标将得到的两部分相交选区中下边部分的选区减去,只保留上边的部分。效果如图 4-3-7 所示。

步骤 12　选择"黄环"图层作为当前图层,按【Delete】删除。取消选区后效果如图 4-3-8 所示。

图 4-3-6　两个图层相交　　　　图 4-3-7　减去和保留两个图层相交的部分　　　　图 4-3-8　删去多余部分

步骤 13　用同样的方法处理其他四个圆环,即可得到奥运五环效果,见图 4-3-1。

步骤 14　选择"图像"→"拼合图像"命令,将图层进行合并。

步骤 15　选择"文件"→"存储"命令,保存文件为"奥运五环.jpg"。

 相关知识

1 对齐和分布图层

(1)对齐图层

当多个图层中的图像需要进行对齐操作时,通常可以使用"移动工具"移动图层使其对齐,但是如果需要对齐的图层数量较多,逐一移动每个图层将给用户增加很大的工作量。用户可以借助于"图层"面板来链接图层,单击"图层"→"对齐"命令,然后快速地完成对齐操作。

①"顶边" :将链接图层的顶部与选定图层的顶部对齐。

②"垂直居中" :将链接图层的垂直中心与选定图层的垂直中心对齐。

③"底边" :将链接图层的底部与选定图层的底部对齐。

④"左边" :将链接图层的左边缘与选定图层的左边缘对齐。

⑤"水平居中" :将链接图层的水平中心与选定图层的水平中心对齐。

⑥"右边" :将链接图层的右边缘与选定图层的右边缘对齐。

对齐图层的操作步骤如下:

①在"图层"面板中将要对齐的图层建立链接关系。

②选择"图层"→"对齐"命令,则弹出一个子菜单。

③在子菜单中选择所需的对齐命令,可以实现链接图层的对齐操作。

在 Photoshop 中,既可以使链接图层彼此对齐,也可以使图层与选择区域的边框对齐。当需要图层与选择区域的边框对齐时,需要先在图像窗口中建立一个选择区域,然后选择"图层"→"将图层与选区对齐"命令,并从子菜单中选择所需的对齐命令。

（2）分布图层

分布图层是指将三个以上的图层间隔均匀地进行排列。分布图层同样需要先在"图层"面板中链接多个图层，然后单击菜单栏中的"图层"→"分布"命令，并从子菜单中选择分布命令。

①"顶边"：可从每个图层的顶端像素开始，间隔均匀地分布图层。

②"垂直居中"：可从每个图层的垂直中心像素开始，间隔均匀地分布图层。

③"底边"：可从每个图层的底部像素开始，间隔均匀地分布图层。

④"左边"：可从每个图层的左边像素开始，间隔均匀地分布图层。

⑤"水平居中"：可从每个图层的水平中心像素开始，间隔均匀地分布图层。

⑥"右边"：可从每个图层的右边像素开始，间隔均匀地分布图层。

2 图层图像选区

（1）按【Ctrl】键的同时单击图层缩略图即可得到该图层所有图像选区。

（2）若已有选区，可以按【Ctrl＋Alt】键同时单击图层缩略图，即可得到从现有选区减去该图层图像选区的新选区。

（3）若已有选区，可以按【Ctrl＋Shift】键同时单击图层缩略图，即可得到现有选区叠加该图层图像选区的新选区。

（4）若已有选区，可以按【Ctrl＋Alt＋Shift】键同时单击图层缩略图，即可得到现有选区与该图层图像选区相交的新选区。

3 合并图层

一个图像文件可以含有很多图层，但是过多的图层将占用大量内存，影响计算机处理图像的速度，所以在处理图像过程中需要及时地将处理好的图层进行合并，以释放内存。另外，在完成作品的制作后如果要存储为除 PSD 和 TIF 格式外的其他文件格式，如 JPG 等，就必须先将所有图层进行合并。"图层"菜单中有以下几种合并图层命令：

（1）向下合并

向下合并是将当前图层与其下面的图层合并为一层。如果当前图层与其他图层存在链接关系，则"向下合并"变为"合并链接图层"，即将存在链接关系的图层合并为一层。

（2）合并可见图层

合并可见图层是将所有的可见图层合并为一层，对隐藏的图层不产生作用。

（3）拼合图层

拼合图层是将所有的图层合并为一层，当图像文件存在隐藏图层时执行该命令，系统将提示是否丢弃隐藏图层。这个命令在不影响图像品质的前提下使图像占用最小的磁盘空间。单击【好】按钮，则丢弃隐藏层进行合并，单击【取消】按钮，则不进行图层合并。

任务 4　运动会招贴画

 **任务目标：**

1. 掌握图层的排列顺序。

2. 掌握图层图像的复制和粘贴操作。

3.熟悉文字图层的使用。

4.掌握素材图像的处理。

微课12

运动会招贴画

任务说明：

本任务主要通过对素材图像进行处理来制作"运动会招贴画"，效果图如图 4-4-1 所示。

图 4-4-1　运动会招贴画

完成过程

步骤 1　新建文件，大小为 508 毫米×762 毫米，分辨率为 300 像素/英寸，选择"文件"→"存储"命令，保存文件为"招贴设计.psd"。

步骤 2　选择"文件"→"打开"命令打开素材文档中的图像文档"运动背景.jpg"（附赠光盘教学模块 4/素材/运动背景图.jpg）。执行"选择"→"全部"命令选择该图像，选择"编辑"→"拷贝"命令。

步骤 3　将 Photoshop 窗口切换回"招贴设计"文件窗口，选择"编辑"→"粘贴"命令，得到图层 1，改名为"运动背景"，用"移动工具"将该图像移动到与"招贴设计"文件顶对齐，作为背景图像使用。如图 4-4-2 所示。

步骤 4　新建图层 2，在图像底部用"矩形选框工具"制作如图 4-4-3 所示的矩形条。下方的颜色为 RGB(8，86，168)，上方颜色为 RGB(73，171，234)。

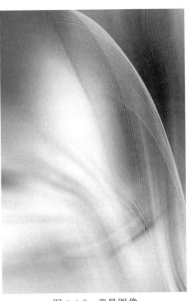

图 4-4-2　背景图像

步骤 5　选择"横排文字工具",在上方的矩形条位置输入文字"计算机学院学生会 2017.9",字体为"华文中宋","字号"为 40 点,颜色为黑色。做一个与图像等宽的选区,选择"图层"→"将图层与选区对齐"→"水平居中"命令,将文字移动到水平居中位置,然后取消选区。效果如图 4-4-4 所示。

图 4-4-3　制作矩形条

图 4-4-4　输入文字

步骤 6　选择"横排文字工具",输入文字"计算机学院秋季运动会",字体为"华文行楷","字号"为 103 点,平滑,黑色。在选项栏里单击"文字变形"按钮，其中"样式"选择扇形、水平,弯曲为+50,水平扭曲和垂直扭曲均为 0。使用步骤 5 中的方法将文字移动到图像水平居中位置,位于上方。

步骤 7　给文字图层"计算机学院秋季运动会"添加样式。单击"图层"面板下方的 **fx.** 按钮,选择"外发光","混合模式"为"滤色","不透明度"为 75%,"杂色"为 0%,颜色为 RGB(255,255,190),"扩展"为 20%,"大小"为 226 像素。效果如图 4-4-5 所示。

步骤 8　选择"文件"→"打开"命令,打开素材中的图像文档"火炬.jpg"(附赠光盘教学模块 4/素材/火炬.jpg)。用选区工具选择火炬,不要白色背景。将"火炬"粘贴到"招贴设计"文件中,将得到的图层改名为"火炬"。并用【Ctrl+T】键将图像变形,调整位置和角度,效果如图 4-4-6 所示。

图 4-4-5　添加标题样式

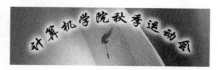
图 4-4-6　添加"火炬"

步骤 9　选择"横排文字工具"输入文字"计算机学院将于 2017 年 9 月 28-30 日召开秋季运动会,本次运动会得到了学院团委和相关部门的大力支持。旨在展现全校师生良好的精神风貌,增强同学们的集体凝聚力,融洽师生感情,提高师生的田径运动技术水平,使学生得到全面发展。热烈欢迎各位老师和同学踊跃报名!"字体为"华文中宋","字号"为 60 点,颜色为黑色。移动到画面的中间位置。

步骤 10　选择"路径"面板,新建路径 1。选择"直线工具"做四条线段,选择"钢笔工具",画笔形状为圆形,"硬度"为 100%,"大小"为 60 像素,前景色改为 RGB(7,65,146)。新建图层改名为"跑道",选择"路径"面板下方的 ○ 按钮为路径描边,效果如图 4-4-7 所示。

步骤 11　将得到的"跑道"移动到"招贴设计"文件的下方,在"图层"面板中调整"跑道"图层的填充不透明度为 22%。此时得到的效果如图 4-4-8 所示。

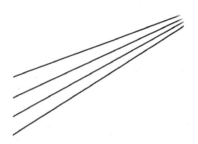
图 4-4-7　制作"跑道"

步骤 12　选择"文件"→"打开"命令,打开素材文档中的图像文档"运动素材 2.jpg"(附赠光盘教学模块 4/素材/运动素材 2.jpg)。按照步骤 8 中的方法将人物图像粘贴到"招贴设计"文件中,将得到的图层改名为"人形",并将其移动到"跑道"上。为该图层添加图层样式,单击

"图层"面板下方的 **fx.** 按钮,选择"外发光","混合模式"为"滤色","不透明度"为 75%,"杂色"
为 0%,颜色为 RGB(255,255,190),"扩展"为 13%,"大小"为 141 像素。将"人形"图层拖曳
到"图层"面板的 **马** 按钮上两次,分别得到"人形 副本"和"人形 副本 2"两个图层,调整两个图
层中的图像,分别位于不同的"跑道"上。效果如图 4-4-9 所示。

4-4-8 将加入跑道的"招贴设计"效果　　　　图 4-4-9 加入"人形"图像的"招贴设计"效果

步骤 13 选择"文件"→"打开"命令,打开素材文档中的图像文档"运动素材.jpg"(附赠
光盘教学模块 4/素材/运动素材.jpg)。按照步骤 8 中的方法将运动员图像粘贴到"招贴设计"
文件中,将得到的图层改名为"跨栏"。选择菜单"编辑"→"变换"→"水平翻转"命令。将"运动
员素材"移动到文件右下角位置。效果如图 4-4-10 所示。

步骤 14 在"图层"面板中为"跨栏"图层设置效果。为该层添加图层样式,单击"图层"面
板下方的 **fx.** 按钮,选择"外发光","混合模式"为"滤色","不透明度"为 75%,"杂色"为 0%,颜
色为 RGB(255,255,255),"扩展"为 20%,"大小"为 226 像素。效果如图 4-4-11 所示。

图 4-4-10 加入运动员图像的"招贴设计"效果　　　图 4-4-11 设置"跨栏"图层

步骤 15　选择"横排文字工具",输入文字"预祝大家取得优异的成绩!"字体为"华文中宋","字号"为 100 点,颜色为红色。选择"图层"→"栅格化"→"文字"命令,将该文字图层像素化。按【Ctrl】键单击该层缩略图,得到文字内容选区,然后按【Ctrl+T】键自由变换图像,调整图像适应跑道效果,在"图层"面板中为该层设置填充不透明度为 35%。

步骤 16　最终效果见图 4-4-1。

步骤 17　本任务最终图层内容如图 4-4-12 所示。

步骤 18　可以将"人形"和其副本层合并起来,也可以将文字层栅格化后整理在一起。但要注意图层的排列顺序,不能影响最后的效果。

步骤 19　选择"文件"→"存储"命令,保存文件。

图 4-4-12　最终图层内容

　相关知识

本任务是多个图像合成和处理的结果,在"图层"面板中的顺序至关重要。

❶ 排序图层

在"图层"面板中,所有的图层都是按一定顺序进行排列的,位于列表上方的图层中的图像将覆盖下面图层中的图像,因此,图层的排列顺序决定了图像的最终显示效果。当在同一个位置上存在多个图层内容时,不同的排列顺序将产生不同的视觉效果。用户可以根据需要调整图层的顺序,但是背景图层永远在最下面,不可能改变它的图层顺序。调整图层的顺序也可以由多种方式完成。

移动图层顺序的方法是:

方法 1:

在"图层"面板中单击需要移动的图层,按住鼠标左键不放,将其拖动到需要调整到的下一个图层上,当出现一条双线时释放鼠标,即可将图层移动到需要的位置。

方法 2:

在"图层"面板中单击需要移动的图层,再单击"图层"→"排列"菜单,则在弹出的菜单命令中单击选中即可。

❷ 栅格化图层

我们建立的文字图层、形状图层、矢量蒙版和填充图层之类的图层,是不能在它们的图层上再使用绘画工具或滤镜进行处理的。如果需要在这些图层上再继续操作就需要使用栅格化图层功能了,它可以将这些图层的内容转换为平面的光栅图像。

栅格化的方法是选择需要做栅格化的图层,选择"图层"→"栅格化"菜单,在弹出的菜单中单击选中即可。

3 常用命令

(1)如果只想显示某个图层,只需要按下【Alt】键的同时单击该图层的"显示/隐藏"图标 即可将其他图层隐藏,再次按下则显示所有图层。

(2)按下【Alt】键的同时单击"图层"面板底部的"删除图层"按钮 ,则能够在不弹出任何确认提示的情况下删除图层,而这个操作在通道和路径中同样适用。

(3)当前在使用"移动工具"的情况下,按下【Ctrl】键的同时在画布的任意位置单击鼠标右键,可以在鼠标指针位置得到一个图层的列表,该列表是按照鼠标指针位置,图像从最上面的图层到最下面的图层顺序排列,在列表中单击一个图层的名称则能够将此图层设为当前图层。

(4)双击图层的缩略图即可打开该层的"图层样式"对话框。

(5)当图层中有选区时,选区图像的优先级最高,对图层的操作只影响选区内部,选区以外的图像不受影响。

经验指导

1 招贴设计知识

(1)招贴设计的概念

"招贴"按其字义解释,"招"是指引起注意,"贴"是指张贴,所以招贴即"为招引注意而进行张贴"。招贴的英文名字叫"Poster",指"展示于公共场所的告示"。

(2)招贴的尺寸

在国外,招贴的大小有标准尺寸。按英制标准,招贴中最基本的一种尺寸是 30 英寸×20 英寸(508 mm×762 mm),相当于国内对开纸大小。我国最常用的招贴尺寸一般有全开、对开、四开等几种,大于全开或小于四开的幅面较少见。招贴多数用制版印刷方式制成,供公共场所和商店内外张贴。

(3)招贴设计的分类

印刷招贴可分为公益招贴和商业招贴两大类。

①公益招贴以社会公益性问题为题材,例如纳税、戒烟、竞选、献血、交通安全、环境保护、和平、文体活动宣传等,如图 4-4-13 所示。

②商业招贴则以促销商品、满足消费者需要的内容为题材,特别是我国随着市场经济的发展,商业招贴也越来越重要,越来越被广泛地应用,如图 4-4-14 所示。

图 4-4-13　公益招贴

图 4-4-14　商业招贴

（4）招贴设计的法则

招贴画属于"瞬间艺术"。好的招贴既要做到让人"一目了然"，还要被它所吸引，顾盼之余，留下较深的印象。因此招贴设计的法则是新奇、简洁、夸张、对比。

（5）招贴设计的局限

①文字限制。招贴是给远距离、行动的人们观看的，所以文字宜少不宜多。

②色彩限制。由于招贴的阅读时间短，色彩宜少不宜多，简洁、鲜明突出。

③形象限制。招贴的形象一般不宜过分细致周详，而要概括。

④张贴限制。公共场所不宜随意张贴，必须在指定的场所内张贴。

2 明信片设计

（1）明信片概念

明信片是一种专供书写文字，不必封函，露封交寄的具有通信性质的卡片式的邮件。其正面为信封的格式，背面具有信笺的作用，如图 4-4-15 所示。优点是省贴邮票和不用信封，缺点是篇幅小且无隐秘性。制作规定：县级以上邮政企业，经省邮政局批准，可以印制、发行带有"中国邮政"字样的明信片（邮资明信片除外）；其他单位印制明信片可按照邮政的规定，由当地邮政管理局监制，但不得带有"中国邮政"字样。

图 4-4-15 明信片

（2）明信片的尺寸

标准尺寸规格为 165 毫米×102 毫米和 148 毫米×100 毫米两种。

（3）明信片的种类

随着明信片业务的深层次开发，在普通明信片和邮资明信片的基础上，又出现了邮资广告明信片、企业金卡、校园邮资明信片、门票明信片等诸多品种，如图 4-4-16 所示。

图 4-4-16 邮资广告明信片

①邮资明信片

邮资明信片是由国家邮政局发行的,在其右上角印有邮票图案的明信片。邮资明信片可分为普通邮资明信片、特种邮资明信片、纪念邮资明信片、风光邮资明信片等。

②中国邮政贺年(有奖)明信片

中国邮政贺年(有奖)明信片指印有庆贺字样、吉祥图案并带有连续号码,为贺岁抽奖设计的邮资明信片。贺年(有奖)明信片除可寄给亲友表示新年祝福外,还通过法定抽奖方式产生中奖号码。凡持有中奖号码贺年(有奖)明信片的用户,可在当地邮局领取相应等级的奖品。

③邮资广告明信片

邮资广告明信片即在普通邮资明信片背面印制各类广告或宣传内容的明信片。它利用明信片这种公众广泛使用和接受的通信方式为载体,来展示企业的形象、品牌及产品,且附有邮资,使用方便,已逐步成为一种新型的广告媒体。

④校园邮资明信片

校园邮资明信片是邮政企业针对各类大、中、小学和职业学校的宣传需要而设计开发的具有校园个性化特色的邮资明信片业务新品种。

校园邮资明信片以弘扬校园文化为主题,是各类学校用于传播办学理念,宣传自身形象的良好媒介,其高雅的品位和丰富的文化内涵,增强了收藏和欣赏价值。

⑤节日贺卡类邮资明信片

节日贺卡类邮资明信片是邮政部门针对公众在节日之际互致问候,需要开发的明信片新品类。此种明信片涵盖了一年四季当中各个重要节日,用户只需填写收件人姓名地址和问候语即可投寄,满足了快节奏社会人们互相传情达意的需求。

⑥纪念品、礼品类邮资明信片

这类邮资明信片的内容以风光、书画作品、艺术品为主,主要作为旅游纪念品或各类公关活动的礼品出售或赠送。这类邮资明信片设计新颖、制作精美,更具收藏价值。

拓展训练

训练 4-1　　光盘效果设计

任务要求:

利用图层效果、规则选区等命令制作圆形立体效果。

步骤指导:

(1)创建新文件,分辨率为 300 dpi,色彩为 CMYK 模式。

(2)新建图层 1,使用"椭圆选框工具",改变参数绘制正圆形,填充任意颜色。

(3)选中图层 1 的正圆形,单击"选择"→"修改"→"收缩"命令,输入一定数值,形成光盘中间的小圆形状,再按【Delete】键,删除小圆中的图像。

（4）复制另一个文件"光盘素材"（附赠光盘教学模块 4/素材/光盘素材.jpg）到图层 2，并用剪贴图层的命令将图层 2 的内容剪贴到图层 1 中。

（5）使用图层样式，将描边、外发光、投影等效果应用到图层 1 中。

任务效果：

利用图层样式制作的光盘效果如图 4-4-17 所示。

图 4-4-17　光盘效果

训练 4-2　　冷饮招贴设计

任务要求：

利用所学知识点和技能点能够设计制作冷饮招贴（附赠光盘教学模块 4\素材\招贴素材.jpg），学会招贴设计的基本技巧。

步骤指导：

（1）新建文件，大小为 A4，分辨率 300 dpi，色彩为 CMYK 模式。

（2）打开素材文件"招贴背景图"（附赠光盘教学模块 4/素材/招贴背景图.jpg），复制到新建文件中，命名为图层 1，根据需要调整大小。

（3）打开素材文件"苏打冰"（附赠光盘教学模块 4/素材/苏打冰.jpg），去掉背景，复制到新建的图层 2。

（4）按效果图依次输入文字，选择合适的字体和颜色，并排列文字方向，添加图层效果外发光、投影等。

任务效果：

完成效果如图 4-4-18 所示。

图 4-4-18 "冷饮"招贴设计效果

训练 4-3　校园明信片设计

任务要求：

利用所学知识点和技能点能够设计制作校园明信片（素材自己动手采集你所在的校园风景），学会明信片设计的基本技巧。

任务效果：

同学们可以分组拍摄校园风光，制作自己喜欢的明信片发送邮件给老同学，给他们一个惊喜；也可以组织一场明信片设计比赛，看谁设计的明信片最受欢迎。

模块 05
文字工具

微课

教学模块 5 前言

教学目标

通过"制作名片""制作台历"两个任务的学习,全面且直观地介绍了应用文字工具分别创建和编辑字符文字、段落文字、路径文字以及文字变形效果的方法。通过本模块的学习,使学习者了解和掌握如何使用文字工具,配合文字图层,制作丰富多彩的文字效果。

提高学生的鉴赏能力,培养学生的自学能力和创新精神。

教学要求

知识要点	能力要求	关联知识
文字工具的基本使用方法	创建点文字、段落文字、路径文字	字符面板、段落面板
字符面板	熟练掌握字符面板的设置	文字的大小、颜色、间距等
段落文字的创建与编辑	熟练掌握"名片"的制作方法	点文字、段落文字、路径文字
文字工具属性的设置	熟练掌握"台历"的制作方法	文字变形、连字符

任务 1　制作名片

微课13

制作名片

任务目标：

1. 认识文字工具。
2. 掌握文字工具基本使用方法。
3. 掌握文字图层的特性和改变图层属性的方法。
4. 创建路径文字的方法与技巧。

任务说明：

本任务主要通过使用文字工具制作名片，效果如图 5-1-1 所示。

图 5-1-1　制作名片效果

完成过程

步骤 1　新建文件,大小为 54 mm×90 mm。RGB 模式,分辨率为 300 像素/英寸,背景色为 RGB(255,255,255)。

步骤 2　新建图层 1,设置前景色为 RGB(156,156,156),选择"油漆桶工具" 对图层 1 进行填充。

步骤 3　选择"滤镜"→"杂色"→"添加杂色"命令,设置参数如图 5-1-2 所示。

步骤 4　选择"滤镜"→"模糊"→"动感模糊"命令,设置参数如图 5-1-3 所示。

图 5-1-2　添加杂色设置　　　　　　　　图 5-1-3　动感模糊设置

步骤 5　单击"图层"面板下方的"创建新的填充或调整图层"按钮 ,选择"亮度/对比度",设置参数如图 5-1-4 所示。

步骤 6　单击"图层"面板上方的"不透明度"右边的三角按钮,将数值调为"75%",如图 5-1-5 所示。

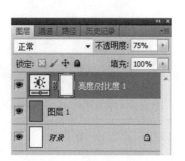

图 5-1-4　亮度/对比度设置　　　　　　图 5-1-5　图层不透明度设置

步骤7　单击"图层"面板中的"创建新图层"按钮，新建图层2，选择工具箱中的"矩形选框工具"，绘制矩形，设置前景色为 RGB(164,164,164)，按【Alt＋Delete】键用前景色进行填充，按【Ctrl＋D】键取消选区，如图 5-1-6 所示。

步骤8　选择"滤镜"→"扭曲"→"波纹"命令，设置参数如图 5-1-7 所示。

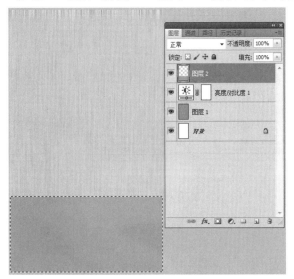

图 5-1-6　前景色填充的矩形选区　　　　　　　　图 5-1-7　波纹参数设置

步骤9　选择"滤镜"→"纹理"→"纹理化"命令，弹出"纹理化"对话框，设置参数如图 5-1-8 所示。

步骤10　选择"直排文字工具"，在如图 5-1-9 所示位置输入"河北"，将字体设置为"汉仪长艺体繁"，"字号"为 14 点，颜色为 RGB(72,76,76)。

图 5-1-8　纹理化参数设置　　　　　　　　图 5-1-9　"河北"文字效果

步骤11　选择"直排文字工具"，在如图 5-1-10 所示位置分别输入"凯""仕"，将字体设置为"汉仪雁翎体简"，"字号"为 22 点，颜色为 RGB(114,0,0)。用键盘上的箭头按键调整文字的位置。

步骤 12　新建图层 3,设置前景色为黑色,选择"矩形选框工具",在如图 5-1-11 所示位置绘制矩形并用前景色填充,取消选区。选择"直排文字工具"输入"健身",将字体设置为"汉仪长艺体繁","字号"为 18 点,颜色为 RGB(255,255,255)。

图 5-1-10　"凯""仕"文字效果　　　　　　　　　　图 5-1-11　"会馆"文字效果

步骤 13　新建图层 4,设置前景色为黑色,选择"画笔工具",在其工具属性栏中选择画笔"笔尖大小"为 3,在如图 5-1-12 所示位置按住【Shift】键绘制直线,把图层 4 放置在图层 2 的下方。

步骤 14　新建图层 5,设置前景色为 RGB(57,57,57),选择"矩形选框工具",绘制如图 5-1-13 所示的矩形选区,选择"油漆桶工具"用前景色填充,取消选区。

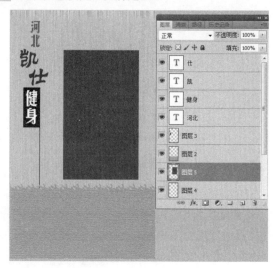

图 5-1-12　文字图层调整　　　　　　　　　　　图 5-1-13　矩形填充效果

步骤 15　选择"滤镜"→"液化"命令,弹出"液化"对话框,选择左侧工具箱中的"顺时针旋转扭曲工具"进行液化处理,参数设置如图 5-1-14 所示。

步骤 16　打开素材图片(附赠光盘教学模块 5/素材/花纹.jpg),选择"矩形选框工具",截取部分图案移动至刚制作好的区域,效果如图 5-1-15 所示。

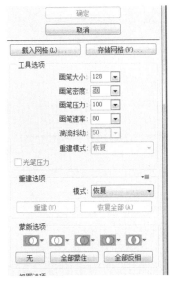

图 5-1-14　液化参数设置　　　　图 5-1-15　添加花纹素材

步骤 17　选择"魔棒工具",单击图像的灰色区域建立选区,选择"选择"→"选取相似"命令,将图像全部灰色区域选中并转换为选区,按【Delete】键删除选区内容,按【Ctrl＋D】键取消选区,效果如图 5-1-16 所示。

步骤 18　选择"移动工具",调整纹样位置,复制"图层 6"得到"图层 6 副本",选择"编辑"→"变换"→"水平翻转"命令,将图层 6 副本的纹样翻转过来,效果如图 5-1-17 所示。

步骤 19　按住【Ctrl】键,单击图层 5 左侧的缩略图,把图层 5 的内容作为选区载入,按住【Ctrl＋Shift＋I】键反选,分别选择图层 6 和图层 6 副本,按【Delete】键删除选区内容,效果如图 5-1-18 所示。

图 5-1-16　新选区效果　　　　图 5-1-17　复制翻转效果　　　　图 5-1-18　添加底纹效果

　　步骤 20　选择"直排文字工具" , 在图 5-1-1 的相应位置输入"岳杨", 将字体设置为"汉仪长艺体繁","字号"为 18 点, 颜色为 RGB(255,255,255)。再输入"经理", 将字体设置为"汉仪细行楷简","字号"为 11 点, 颜色为 RGB(255,255,255)。

　　步骤 21　选择"横排文字工具" , 在图 5-1-1 的相应位置输入"地址""电话""联系人"等, 最后使用移动工具、自由变换工具对文字进行调整。

相关知识

① "字符"面板

![(自动)]:可按指定的尺寸调整所选字符的行距。

![0%]:设置所选字符的比例间距, 在下拉列表中选择 0%～100% 的比例值, 数值越大字符的间距越小。

![0]:改变所选文字整体的字符间距, 可在编辑框中输入具体数值, 或在下拉列表中进行选择。其中正值使文字的间距变大, 负值使文字的间距缩小。

![度量标准]:改变鼠标所在位置处两字符的间距, 可在编辑框中输入具体数值, 或在下拉列表中进行选择。其中正值使文字的间距变大, 负值使文字的间距缩小。

![0点]:设置基线偏移量, 在数值框输入一个非 0 数值(正值上升, 负值下降)。

![100%][100%]:分别控制文本在垂直方向和水平方向的缩放比例。

② 段落文字的创建和编辑

　　段落是末尾带有 Enter 键符的任何范围的文字。对于点文字, 每行即是一个单独的段落。对于段落文字, 一段可能有多行, 具体视定界框的尺寸而定。

　　编辑段落文本, 首先要选择需要进行编辑的段落, 然后使用"段落"面板为文字图层中的单个段落、多个段落或全部段落设置格式选项。

　　(1)选择段落文字。单击要设置格式的段落, 可应用于单个段落。双击"图层"面板中的文字缩略图, 可将格式设置应用于图层中的所有段落。

　　(2)单击选项栏中的"切换字符和段落面板"按钮 ![], 打开"段落"面板, 编辑文字。

　　![]:左对齐文本, 将文字左对齐, 使段落右端不齐。

　　![]:居中对齐文本, 将文字居中对齐, 使段落两端不齐。

　　![]:右对齐文本, 将文字右对齐, 使段落左端不齐。

　　当文本同时与两个边缘对准时, 称为两端对齐。可以选择对齐段落中除最后一行外的所有文字。

③ 连字选项的设置

　　连字选项主要是为了段落文字的整体效果考虑, 学习者可以通过对其中的选项进行设置, 观察效果来巩固知识点。

④ 罗马式溢出标点设置

对于整个段落中的标点符号进行管理的时候使用此选项。该设置可用于所有文本,即可以选择对齐段落中包括最后一行在内的文本。选取的对齐设置将影响各行的水平间距和文字在页面上的美感。值得注意的是:对齐选项只可用于段落文字。

　▤:两端对齐除最后一行外的所有行,最后一行左对齐。

　▤:两端对齐除最后一行外的所有行,最后一行居中对齐。

　▤:两端对齐除最后一行外的所有行,最后一行右对齐。

　▤:两端对齐包括最后一行的所有行,最后一行强制对齐。

　[▸≣ 0点]:从段落的左边缩进。对于竖排文字,此选项控制从段落顶端的缩进。

　[≣◂ 0点]:从段落的右边缩进。对于竖排文字,此选项控制从段落底部的缩进。

　[▸≣ 0点]:缩进段落中的首行文字。对于横排文字,首行缩进与左缩进有关;对于竖排文字,首行缩进与顶端缩进有关。输入一个负值可以创建首行悬挂缩进。

　[▸≣ 0点]:控制段落上下的间距,可以分别输入正负值,正值使选择段落向下移动,负值使选择段落向上移动。对于文本第一段不起作用。

　[≣▴ 0点]:控制段落上下的间距,可以分别输入正负值,正值使选择段落向上移动,负值使选择段落向下移动。对于文本最后一段不起作用。

单击"段落"面板中右上角按钮 ▾≣,选择"连字符连接"命令,如图 5-1-19 所示,打开"连字符连接"对话框,如图 5-1-20 所示,可以在其中设置连字符的属性。选取的设置将影响各行的水平间距和文字在页面上的美感。连字符连接选项可以确定是否可用连字符连接文字。

图 5-1-19　"段落"面板菜单

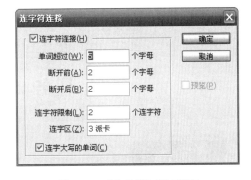

图 5-1-20　"连字符连接"对话框

单词超过_个字母:指定用连字符连接单词的最少字符数。

断开前_个字母和断开后_个字母:指定可被连字符分隔的单词开头或结尾处的最少字符数。例如,为这些值指定 3 时,mechanical 将被断为 mechani-cal,而不是 me-chanical 或 mechanic-al。

连字符限制:指定可进行连字符连接的最多连续行数。

连字区:从段落右边缘指定一定的边距,划分出文字行中不允许进行连字的部分。设置为 0 时允许所有连字。此选项只有在使用"Adobe 单行书写器"时才可使用。

连字大写的单词:选择此选项可防止用连字符连接大写的单词。

5 路径文字

(1)沿着路径输入文字

①创建路径。使用路径或者自由形状工具,绘制路径。

②定位文字。选择"横排文字工具",使文字工具的"基线指示符" 位于路径上,然后单击,路径上会出现一个插入点。

③输入文字。横排文字沿着路径显示,与基线垂直。竖排文字沿着路径显示,与基线平行。

(2)在路径上移动或翻转文字

①选择"直接选择工具" 或"路径选择工具" ,并将该工具放在文字上。指针会变为带箭头的"I 型光标" 。

② 执行下列操作之一:

方法 1:要移动文本,单击路径上的小圆圈,并沿路径拖移文字。拖移时要小心,避免跨越到路径的另一侧。

小圆圈和叉号之间的距离表示文字可以容纳的空间。

方法 2:要将文本翻转到路径的另一边,单击并横跨路径拖移文字。

③ 要横跨路径移动文字而不更改文字的方向,可以使用"字符"面板中的"设置基线偏移"选项。

6 路径文字的编辑方法

创建好路径文字后,如果对文字的属性不满意,可以对其进行编辑修改,这时,需要先选择文字,然后打开文字属性面板,在其中对属性进行编辑修改。

7 路径形状的改变方法

编辑好路径文字后,如果对路径的形状不满意,可以使用"路径选择工具" 对路径的形状进行编辑,如添加、删除节点等。

任务 2　制作台历

1.掌握文字工具各项参数的设置。

2.学会点字符的创建和使用方法。

3.学会变形文字的创建和编辑方法。

4.学会图层蒙版的使用方法。

微课14

制作台历

本任务主要通过使用文字工具、自定义形状工具、渐变工具、自由变换命令制作"台历",效果图如图 5-2-1 所示。

图 5-2-1　台历效果

 完成过程

步骤 1　新建文件,选定好尺寸和分辨率,后期要去照相馆冲印成 6 英寸规格,所以设置如下,尺寸为 6 英寸×4 英寸,分辨率为 180 像素/英寸。

步骤 2　设置前景色为 RGB(252,202,220),选择"油漆桶工具" 🖐 对背景层进行填充。选择"文件"→"打开"命令,将要做台历的照片(附赠光盘教学模块 5/素材/宝宝 1.jpg)打开,按【Ctrl＋A】键全选,选择"移动工具" ➕ 把照片拖曳至新建文件中,放到合适位置。

步骤 3　选择"图层"面板下方的"添加矢量蒙版"按钮 ▣ 为照片层添加蒙版。选择"渐变工具" ▣ ,设置前景色为白色,背景色为黑色,在工具属性栏选择"线性渐变" ▣ ,从左到右拖曳,柔化图片的边缘,效果如图 5-2-2 所示。

步骤 4　新建图层 2,设置前景色为 RGB(253,157,193),选择"矩形选框工具" □ ,在如图 5-2-3 所示位置绘制矩形选区,选择"油漆桶工具" 🖐 使用前景色对矩形选区进行填充。将"图层 2"拖曳至"图层 4"下方。按【Ctrl＋D】键取消选区。

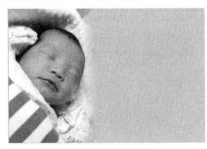

图 5-2-2　图层蒙版效果　　　　　　　图 5-2-3　矩形选区设置

步骤 5　新建图层 3,选择"自定义形状工具" ✿ ,在工具属性栏选择"路径"选项 ↗ ,选择"花形"形状 形状 ✿ ,按住鼠标左键拖曳出花形形状。打开"路径"面板,单击 ◎ 按钮将路径转化为选区载入,设置前景色为 RGB(250,216,229)。选择"油漆桶工具" 🖐 使用前景色对选区进行填充。在"图层"面板调整图层的"不透明度"为 60%,效果如图 5-2-4 所示。

步骤 6　复制图层 3 直至"图层 3　副本 5"，按【Ctrl＋T】键调整花朵大小摆放位置。效果如图 5-2-5 所示。

图 5-2-4　设置半透明花朵

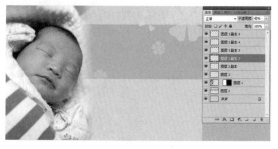

图 5-2-5　花朵底纹效果

步骤 7　选择"横排文字工具"，在如图 5-2-6 所示位置分图层逐个输入中文的星期几和阿拉伯数字的日期，最后使用移动工具、自由变换工具对文字进行调整。为了保证可以整体移动这些相关文字，对相关图层可做链接图层设置。效果如图 5-2-6 所示。

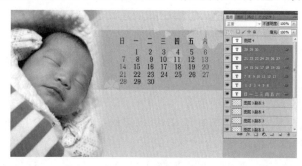

图 5-2-6　添加文字

图 5-2-7　设置文字效果

步骤 8　设定前景色为 RGB(250、53、127)，选择"横排文字工具"在如图 5-2-7 所示位置输入阿拉伯数字"2103"和"4"，调整字体大小和位置。

步骤 9　设定前景色为 RGB(250,53,127)，选择"横排文字工具"在如图 5-2-8 所示位置输入"因""爱""之名""Because of Her Love""妈妈的小宝贝"文字，调整字体大小和位置，新建图层 5，选择"画笔工具"，按住【Shift】键在如图位置绘制直线。

图 5-2-8　添加文字效果

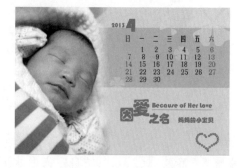

图 5-2-9　路径文字效果

步骤 10　新建图层 6，选择"任意形状工具"，在工具属性栏选择"路径"选项，选择"心形"形状。按住鼠标左键拖曳出心形形状，在工具箱选择"横排文字工具"，将光标移至心形路径的任意位置输入小写字母"o",打开"路径"面板,单击 ⚙ 按钮将路径转化为选区载入,按【Ctrl+D】键取消选区。效果如图 5-2-9 所示。

步骤 11　按此方法制作其他的月份即可。

相关知识

1 文字变形

Photoshop CS5 中的文字变形属性可以扭曲文字以符合各种形状。例如,可以将文字变形为鱼形、扇形等,还可以随时更改图层的变形样式,通过变形选项中的属性设置,可以精确控制变形效果的取向及透视。

变形文字的具体操作步骤如下:

(1)选择需要变形的文字。

(2)选择"横排文字工具"**T**,然后单击工具属性栏中的"创建变形文字"按钮 **工**。

(3)打开"变形文字"对话框。从"样式"下拉列表框中选取一种变形样式,如图 5-2-10 所示。

(4)选择变形效果的方向:水平或垂直。

(5)指定其他变形选项的值。

弯曲:指定对图层应用的变形程度。

水平扭曲或垂直扭曲:对变形应用水平或垂直透视。

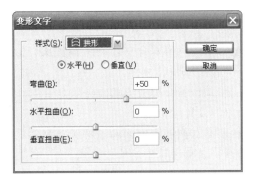

图 5-2-10　"变形文字"对话框

2 取消文字变形

设置了文字变形后,如果对变形效果不满意,想要取消的话,可以执行下面的操作步骤:

(1)选择已应用了变形的文字。

(2)选择"横排文字工具"**T**,然后单击工具属性栏中的"创建变形文字"按钮 **工**。

(3)在打开的"变形文字"对话框的"样式"下拉列表框中选取"无",单击【确定】按钮,可取消文字变形。

3 更改文字的取向

文字图层的取向决定了文字行相对于文档窗口(对于点文字)或定界框(对于段落文字)的方向。当文字图层垂直时,文字上下排列;当文字图层水平时,文字左右排列。具体操作步骤如下:

(1)选择文字。

(2)执行下列操作之一:

方法 1:选择一种文字工具,然后单击工具属性栏中的"更改文本方向"按钮 **工**。

方法 2:选取"图层"→"文字"→"水平"或"垂直"命令。

经验指导

① 设计名片

名片,是个人身份的象征,也是人与人相互沟通交流的方式之一。名片一方面要考虑美观,另一方面也要考虑较好地体现名片持有人的特点。

(1)设计名片之前首先了解三个方面

① 了解名片持有者的身份、职业。

② 了解名片持有者的单位及其单位的性质、职能。

③ 了解名片持有者单位的业务范畴。

(2)独特的构思

独特的构思来源于对设计的合理定位,来源于对名片的持有者及单位的全面了解。一个好的名片构思经得起以下几个方面的考核:

① 是否具有视觉冲击力和可识别性。

② 是否具有媒介主体的工作性质和身份。

③ 是否别致、独特。

④ 是否符合持有人的业务特性。

(3)设计定位

依据对前三个方面的了解确定名片的设计构思,确定构图、字体、色彩等。

(4)名片设计中的构成要素

所谓构成要素,是指构成名片的各种素材,一般是指标志、图案、文案(名片持有人姓名、通信地址、联系方式)等。这些素材各赋有不同的使命与作用,统称为构成要素。

名片示例如图 5-2-11 所示。

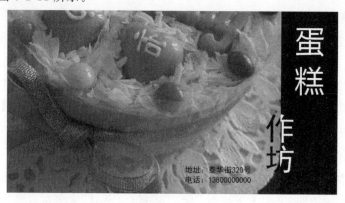

图 5-2-11　名片

② 制作台历

在人们的日常生活中,台历随处可见,台历本身的设计就是要针对人们日常生活中各类需求进行设计,主题明确、构图饱满,整个画面要具有魄力感与均衡效果。

(1)台历尺寸

对于台历的尺寸并没有特别的规定,多大的尺寸都可能。但是,企业必须考虑成本,下面是几个比较常用且合适的规格和尺寸(此处尺寸是指印刷页面)。

长型台历:

24 cm×14 cm　大度对开,拼 14 个页面。

24 cm×11 cm　大度对开,拼 14 个页面。

21 cm×14 cm　大度对开,拼 16 个页面。

高型台历:

16.5 cm×17 cm　大度对开,拼 15 个页面。

(2)台历规格

横式台历:290 mm×120 mm

方形台历:207 mm×145 mm

条形台历:140 mm×145 mm

横式迷你小台历:145 mm×100 mm

竖式迷你小台历:100 mm×145 mm

竖式台历:145 mm×207 mm

活页长条形台历:190 mm×120 mm

(3)张数

台历张数通常可分为:周历、半月历、月历、双月历,加上封面就对应为 52 张、25 张、13 张、7 张,并可根据实际内容增加页面。

(4)纸张

通常台历印刷 105 g～300 g 的纸张都行,选择纸张厚度时要充分考虑纸张数。

52 张周历不宜选择超过 200 g 的纸张,否则台历线圈难以配套。

7 张双月历最好不要选择 157 g 以下的纸张,这样显得单薄。

25 张半月历如果选用 300 g 的纸张就不需要三角台历架,否则头重脚轻,无法摆放在平面上。

纸材:铜版纸、艺术纸、哑粉均可。

台历示例如图 5-2-12 所示。

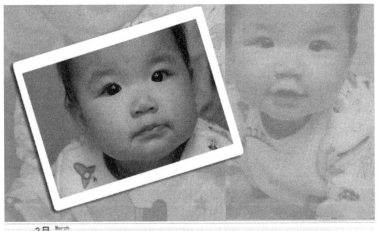

图 5-2-12　台历效果

拓展训练

训练 5-1   制作名片

任务要求：

利用文字字体、字号和位置的排列等命令制作名片。

步骤指导：

(1)创建新文件。

(2)创建 LOGO。

(3)用文字工具设定文字的字体、字号和位置。

(4)整体把握，调整效果。

任务效果：

如图 5-2-13 所示。

图 5-2-13　西点店名片效果

训练 5-2   制作台历

任务要求：

利用文字字体、字号和路径文字等命令制作台历。

步骤指导：

(1)创建新文件。

(2)制作梦幻底图(素材见附赠光盘教学模块 5/素材/梦幻底纹.jpg)。

(3)使用自定义形状工具绘制漂亮花形。

(4)使用文字工具添加文字。

(5)使用图层不透明度调整层次。

(6)绘制路径并沿路径创建文字。

任务效果：

如图 5-2-14 所示。

图 5-2-14　梦幻台历效果

模块 06

色彩和色调的调整

教学模块6前言

教学目标

通过"数码相片的颜色校正""人物照片的脸部美容修饰""照片曝光的调整""黑白照片变彩色照片的制作""云雾效果的合成""个性照片的制作"六个任务的学习,了解色调的概念和作用,掌握调整图像色彩几种方法的特点,熟练掌握查看与调整图像色调和色彩的方法及技巧。

教学要求

知识要点	能力要求	关联知识
曲线	熟练掌握曲线的使用	图表,编辑节点,绘制曲线,黑场、灰场、白场吸管工具
色彩平衡	熟练掌握色彩平衡的使用	色彩平衡的设置
调整亮度对比度	熟练掌握调整亮度对比度的操作方法	亮度、对比度的设置
调整色相饱和度	熟练掌握色相饱和度的使用	色相、饱和度的设置
可选颜色	熟练掌握可选颜色的使用	可选颜色的设置

任务 1　数码相片的颜色校正

任务目标：

1. 认识曲线工具。
2. 掌握曲线工具基本使用方法。
3. 了解"黑场""白场"的概念。

微课15

数码相片的颜色校正

任务说明：

本任务主要通过使用曲线工具校正数码照片的颜色,效果图如图 6-1-1 和图 6-1-2 所示。

图 6-1-1　任务 1 原图

图 6-1-2　数码照片颜色校正后

完成过程

　　步骤 1　打开需要调整的数码照片"风景"(附赠光盘教学模块 6/素材/风景.jpg),选择"图像"→"调整"→"曲线"命令。设置"曲线"对话框中的一些参数,先为暗调区域设置目标颜色,双击"黑场"吸管,如图 6-1-3 所示,弹出的拾色器会提示选择目标暗调颜色。

　　步骤 2　在对话框的 RGB 中输入(20,20,20)这些均匀的数字,帮助保证暗调区不会有太多颜色。

步骤3 设置参数，使高光区域变为中性。在"曲线"对话框双击"白场"吸管。拾色器要求选择目标高光颜色，设置为 RGB（240，240，240）。

步骤4 设置中间调参数。双击"灰场"吸管，选择目标中间调颜色。输入 RGB（128，128，128）。

步骤5 做好调整之后，单击"曲线"对话框中的【确定】按钮，在弹出的确认对话框中单击【是】按钮。这样在矫正图片时就不必每次都输入这些值了。

步骤6 选择"图像"→"调整"→"曲线"命令。在"曲线"对话框中选择"黑场"吸管，在图

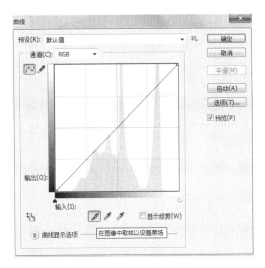

图 6-1-3 "曲线"对话框

片中最暗的区域中单击一次，这样暗调区域颜色会被矫正。效果如图 6-1-4 所示。

步骤7 选择"图像"→"调整"→"曲线"命令。在"曲线"对话框中选择"白场"吸管，在图片中最白的区域中单击一次，这样亮调区域颜色会被矫正，如图 6-1-5 所示。效果见图 6-1-2。

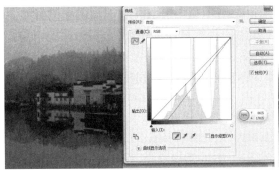

图 6-1-4 黑场曲线调整效果   图 6-1-5 白场曲线调整效果

相关知识

本任务包含对曲线调整工具的基本操作。

在 Photoshop 中曲线是非常重要的图像调整工具。曲线不是滤镜，它是在忠于原图的基础上对图像做一些调整，不像滤镜可以创造出无中生有的效果。曲线并不难理解，只要掌握一些基本知识就可以像掌握其他工具那样很快掌握。控制曲线可以为设计者带来更多的戏剧性作品。下面就对曲线做一个详细的介绍。

"曲线"命令位于 Photoshop 菜单栏的"图像"菜单之中，是一种色调调整命令，可以对图像整体或者局部的色彩、亮度、对比度等进行综合调整。如图 6-1-6 所示。

（1）图表。横坐标代表源图像的色调即输入值，纵坐标代表处理后图像的色调即输出值。

其变化参数范围是 0～255。单击图表下的光谱条，可以在黑白颜色之间切换。利用"曲线"命令调节色调，可以单击曲线上的某点，拖动节点位置即可。

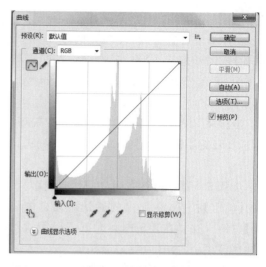

（2）编辑节点修改曲线工具。它用来在图表中添加节点。若对图像的色调做复杂调整，需要在曲线上添加多个节点并进行调节。多余的节点可以单击选中并用【Delete】键删除。

（3）绘制曲线工具。用来在图表中随意画出曲线形状，先选中该工具，将鼠标移至图表中，光标变为画笔，用画笔绘制曲线即可。

（4）黑场吸管工具。选择该工具再单击

图 6-1-6 "曲线"对话框

图像某处，图像上所有比该点暗的像素都被忽略为黑色，从而使图像变暗。因此，用黑场吸管工具在图像中最亮的位置单击，整幅图像变得最暗。在图像最暗位置单击，整幅图像变化微弱。

（5）灰场吸管工具。根据该吸管单击处的像素亮度来调整图像所有像素的亮度。在灰度模式下，该吸管不能用。

（6）白场吸管工具。选择该工具再单击图像某处，图像上所有比该点亮的像素都被忽略为白色，从而使图像变亮。因此，用白场吸管工具在图像中最暗的位置单击，整幅图像变得最亮。在图像最亮位置单击，整幅图像变化微弱。

（7）通道(C): RGB 通道。选择使用该 RGB 曲线调整将对所有通道起作用。若选择单一通道，曲线调整将仅对当前通道起作用。

提示：按住【Alt】键不放，并单击图表中的网格位置，可改变网格大小。网格大小对"曲线"功能没有影响，但较小的网格便于观察。

任务 2　人物照片的脸部美容修饰

任务目标：

1. 掌握可选颜色的设置
2. 学会曲线的使用方法。
3. 熟悉图层样式的选择。
4. 掌握滤镜的使用方法。

微课16

人物照片的脸部美容修饰

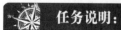

任务说明：

本任务主要通过使用可选颜色、曲线、滤镜、图层样式对数码照片中人物脸部进行美容修饰，如图 6-2-1 和图 6-2-2 所示（附赠光盘教学模块 6/素材/人物 1.jpg）。

图 6-2-1　任务 2 原图

图 6-2-2　人物照片的脸部美容修饰效果

 完成过程

步骤 1　打开需要调整的图片。

步骤 2　选择"放大镜工具" 对需要修改的照片做局部放大,选择"仿制图章工具" ,在工具属性栏调整直径和边缘清晰度,按住【Alt】键的同时单击鼠标,吸取瑕疵皮肤周围正常皮肤的颜色,松开【Alt】键,将光标移动到瑕疵皮肤,刚才吸取的正常皮肤就会覆盖瑕疵皮肤。

步骤 3　选择"修补工具" 在需要修改的瑕疵区域圈选,按住鼠标左键拖曳选区至无瑕疵区域,松开鼠标,按【Ctrl＋D】键取消选区。瑕疵区域被正常区域取代。效果如图 6-2-3 所示。

图 6-2-3　使用"仿制图章"工具的效果

步骤 4　选择"套索工具" ,将牙齿部分选中。选择"图像"→"调整"→"可选颜色"命令,打开"可选颜色"对话框,在"颜色"下拉列表中选择"白色"选项,选择"相对"选项,将黄色调整至"－60％",去掉牙齿中的黄色。如图 6-2-4 所示。

步骤 5　保持选区,选择"图像"→"调整"→"曲线"命令,打开"曲线"对话框,做如图 6-2-5 所示的设置,提高中间调的亮度使牙齿洁白。

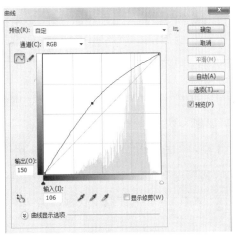

图 6-2-4　可选颜色设置

图 6-2-5　曲线设置

步骤 6 取消选区。打开"图层"面板创建图层 1,将前景色设置为 RGB(246,187,181)。选择"画笔工具" ,设置画笔的大小和硬度,在人物的两颊处涂抹,在"图层"面板调整不透明度给人物加上腮红。如图 6-2-6 所示。

步骤 7 选择"套索工具" ,将人物皮肤部分进行选择,"选择"→"修改"→"羽化:1 像素"命令。选择"选择"→"存储选区"命令,弹出的"存储选区"对话框为此选区命名,单击【确定】按钮。效果如图 6-2-7 所示。

图 6-2-6 加腮红效果

图 6-2-7 对选区的存储

步骤 8 按【Ctrl+J】键复制选区并粘贴到图层 2。如图 6-2-8 所示。

步骤 9 选择图层 2,再选择"滤镜"→"模糊"→"高斯模糊"命令。设置"半径"为 6,单击【确定】按钮,如图 6-2-9 所示。

6-2-8 复制和粘贴的新图层效果

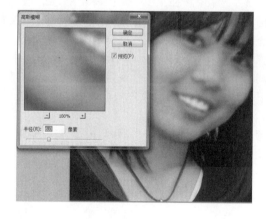

图 6-2-9 高斯模糊效果

步骤 10 打开"图层"面板,将"图层 2"的混合模式设置为"滤色",图层"不透明度"设置为 39%。效果如图 6-2-10 所示。

步骤 11 选择"套索工具" ,将嘴唇部分选中。选择"图像"→"调整"→"色相/饱和度"命令,在"色相/饱和度"对话框中勾选"着色"复选框。设置如图 6-2-11 所示。

步骤 12 按【Ctrl+D】键取消选区。效果见图 6-2-2。

图 6-2-10　图层混合模式

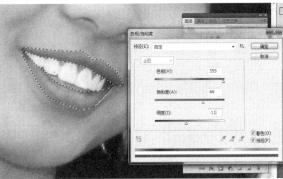

图 6-2-11　调整嘴唇颜色设置

相关知识

① 选区的存储和调取

对于需要多次使用的选区,可以将其存储到通道中,随时载入以便使用。存储选区的方法:绘制选区,选择"选择"→"存储选区"命令,在弹出的"存储选区"对话框为此选区命名,单击【确定】按钮,该选区即被存储。

在需要再次对该选区进行操作时,可激活"通道"面板,按住【Ctrl】键,单击该选区的名称将该选区载入。

② 仿制图章工具的使用

使用"仿制图章工具"对面部的雀斑、青春痘等微小瑕疵进行修复时,要根据具体情况灵活地改变"画笔大小"及其"不透明度"的设置,并通过屏幕的缩放来观察整体与局部的关系,避免将面部涂花。

③ 曲线工具的使用

使用曲线工具提高牙齿亮度时,要注意与整个照片的亮度及色调保持一致,不要单纯地将牙齿亮度调得很白很亮,会使得牙齿在整个画面中显得过于突出,与照片整体色调不协调。在调整时可随时缩放画面来观察整体与局部的关系。

任务 3　照片曝光处理

任务目标:

1.学会使用阴影/高光命令的方法。
2.掌握对照片进行曝光处理的技巧。

照片曝光处理

任务说明：

本任务主要通过使用阴影/高光命令对照片进行曝光处理，效果图如图 6-3-1 和图 6-3-2 所示(附赠光盘教学模块 6/素材/人物 2.jpg)。

图 6-3-1　任务 3 原图

图 6-3-2　照片曝光处理效果

 完成过程

步骤 1　打开需要调整的照片后，复制背景层，得到"背景副本"层。

步骤 2　选择"图像"→"调整"→"阴影/高光"命令，打开"阴影/高光"对话框进行调整。如图 6-3-3 所示。

图 6-3-3　阴影高光设置

相关知识

1."阴影/高光"命令用来调整图像整体色调分布,它适合矫正因背光太强而引起的图像过暗的画面,或由于闪光灯太强造成的曝光过度。

选择"图像"→"调整"→"阴影/高光"命令,将弹出如图 6-3-4 所示对话框,选项功能介绍如下。

(1)阴影:用于调整光照校正量,数值越大,图像暗调区域提亮的程度越大。

图 6-3-4　"阴影/高光"对话框

(2)高光:用于调整光照校正量,数值越大,图像暗调区域变暗的程度越大。

(3)显示更多选项:选择该选项,可更详细地控制参数。

2."阴影/高光"命令与"亮度/对比度"命令有所不同,"阴影/高光"命令并不是对图像整体地提高或降低亮度,而是根据周围像素调整暗调与高光区,从而校正图像色调。该命令不但可以单独调整暗调和高光,还提供了"中间调对比度""黑色剪贴""减少白像素"等选项来调整图像的对比度。

3.曝光度命令主要用于调整 HDR 图像的色调,但也可用于 8 位和 16 位图像。曝光度是通过在线性颜色空间(灰度系数 1.0)而不是图像的当前颜色空间执行计算而得出的。

注意:逆光拍摄的照片使用"阴影/高光"命令进行调整。

曝光有问题的照片使用"曝光度"命令进行调整。

任务 4　黑白照片变彩色照片的制作

 **任务目标:**

1.学会创建新的填充或调整图层的方法。

2.掌握图层混合模式的使用技巧。

3.学会色相/饱和度的使用方法。

4.学会盖印图层的创建方法。

微课18

黑白照片变彩色照片的制作

任务说明:

本任务主要通过使用创建新的填充或调整图层、色相/饱和度、图层混合模式的调整,将黑白照片变为彩色照片,如图 6-4-1 和图 6-4-2 所示。

图 6-4-1　任务 4 原图　　　　　　　　　　　　　图 6-4-2　黑白照片变彩色照片效果

　完成过程

　　步骤 1　　打开黑白照片"人物 3"（附赠光盘教材模块 6/素材/人物 3.jpg），选择"图像"→"模式"→"RGB"命令，将图像转换为 RGB 模式，选择"套索工具"　将人物皮肤部分选中，选择"选择"→"修改"→"羽化"命令，输入数值 2。效果图如图 6-4-3 所示。

　　步骤 2　　在"图层"面板单击"创建新的填充或调整图层"按钮　，效果图如图 6-4-4 所示。

图 6-4-3　皮肤选区效果　　　　　　　　　　　图 6-4-4　皮肤着色效果

步骤 3　此时皮肤的高光和暗部不明显,按【Ctrl+Shift+Alt+E】键盖印图层,复制出图层 1,按住【Ctrl】键单击图层蒙版,载入之前的皮肤选区,按【Ctrl+Shift+I】键反选,按【Delete】键删除皮肤以外的区域,在"图层"面板中,把图层混合模式改为"强光",图层"不透明度"设为60％,此时皮肤的高光质感出来了。如图 6-4-5 所示。

步骤 4　选择"套索工具" 将人物衣服部分选中,选择"选择"→"修改"→"羽化"命令,输入数值 2。如图 6-4-6 所示。

图 6-4-5　盖印图层效果

图 6-4-6　衣服选区效果

步骤 5　在"图层"面板单击"创建新的填充或调整图层"按钮 ,效果图如图 6-4-7 所示。

步骤 6　在"图层"面板创建图层 2,选择"套索工具" 将人物嘴唇部分选中,选择"选择"→"修改"→"羽化"命令,输入数值 2。然后选择"油漆桶工具" ,设置前景色为 RGB(245,11,11),对选区进行填充。

步骤 7　在"图层"面板中把图层混合模式改为"色相",按【Ctrl+D】键取消选区。效果图如图 6-4-8 所示。

图 6-4-7　衣服着色设置

图 6-4-8　嘴唇着色设置

相关知识

"色相/饱和度"命令用来改变图像的色相、饱和度及明度,并且可将灰色图像或黑白图像变为单彩色图像。

选择"图像"→"调整"→"色相/饱和度",弹出"色相/饱和度"对话框,如图 6-4-9 所示。其功能介绍如下。

1."色彩范围"下拉列表框。可以选择色彩的调整范围,"全图"表示对图像全部像素起作用。其他选项表示对选择的某一颜色起作用。

2.色相。改变所选色彩的颜色,参数范围−180～+180。

3.饱和度。改变所选色彩的鲜艳或灰暗程度,参数范围−100～+100。

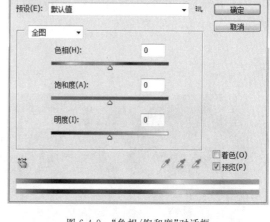

图 6-4-9　"色相/饱和度"对话框

4.明度。改变所选色彩的明暗程度,参数范围−100～+100。

5.着色。勾选该复选框,若是灰度或黑白图像将会变为单彩色图像,若是彩色图像也将会变为一种单彩色图像。

6.  吸管。当用户选中全图选项以外的选项时,"色相/饱和度"对话框中的 3 个吸管按钮变为可用,并在吸管左侧出现 4 个数值,4 个数值分别对应其下方颜色条上的 4 个游标。它们的功能是为了设定图像调整的色彩范围。

（1）吸管。单击按钮,将光标移至图像中单击,可以选定一种颜色作为色彩变化的范围。

（2）吸管。单击按钮,将光标移至图像中单击,可以在原有色彩范围上增加当前单击的色彩范围。

（3）吸管。单击按钮,将光标移至图像中单击,可以在原有色彩范围上删除当前单击的色彩范围。

任务 5　云雾效果合成

任务目标:

1.掌握模糊工具的设置。
2.学会滤镜的添加。
3.掌握创建新的填充或调整图层的方法。
4.掌握橡皮擦工具的设置。

微课19

云雾效果合成

任务说明:

本任务主要通过使用模糊工具、滤镜、创建新的填充或调整图层制作"云雾效果合成",原图如图 6-5-1 所示,效果图如图 6-5-2 所示。

图 6-5-1　任务 5 原图

图 6-5-2　合成云雾效果

完成过程

步骤 1　打开需要调整的图片"山村"(附赠光盘教学模块 6/素材/山村)。

步骤 2　选择"模糊工具",设置笔刷的大小和边缘柔和,在照片上进行涂抹,制作出近实远虚的效果。效果如图 6-5-3 所示。

步骤 3　单击"图层"面板底部的"创建新的填充或调整图层"按钮,在弹出的菜单中选择"渐变映射",打开"渐变映射"对话框,单击渐变条,打开"渐变编辑器"窗口,选择由紫到橙的渐变,单击【确定】按钮。如图 6-5-4 所示。

图 6-5-3　模糊虚幻远景效果

图 6-5-4　添加渐变映射设置

步骤 4　在"图层"面板将"渐变映射 1"图层的"不透明度"设置为 15%。单击"图层"面板底部的"创建新的填充或调整图层"按钮,在弹出的菜单中选择"曲线",打开"曲线"对话框,将整体照片颜色调暗一些。如图 6-5-5 所示。

步骤 5　在"图层"面板创建图层 1。

步骤 6　确定工具箱中前景色为白色,背景色为黑色。选择"滤镜"→"渲染"→"云彩"命令,制作出由黑白颜色组成的云彩图案。如图 6-5-6 所示。

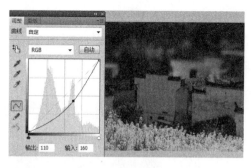

图 6-5-5 添加曲线设置

图 6-5-6 黑白云彩效果

步骤 7 选择"图像"→"调整"→"亮度/对比度"命令,打开"亮度/对比度"对话框,设置如图 6-5-7 所示,增强云彩图案的对比度。

步骤 8 在"图层"面板中将图层 1 的图层混合模式设置为"滤色"。效果如图 6-5-8 所示。

图 6-5-7 调整云彩效果

图 6-5-8 添加云雾效果

步骤 9 选择"橡皮擦工具" ,在工具属性栏调整橡皮擦属性。设置如图 6-5-9 所示。

步骤 10 使用调整好的橡皮擦工具在云雾效果上进行涂抹,将近景的云雾减少一些,呈现出虚实的效果。效果见图 6-5-2。

图 6-5-9 橡皮擦设置

 相关知识

1.模糊、锐化和涂抹工具共占一个工具箱位置。这三个工具可以对图像的细节进行局部的修饰,在修正图像的时候非常有用。它们的使用方法和笔刷工具类似。

(1) 模糊工具可以软化图像边缘,是一种通过笔刷绘制,使图像局部变得模糊的工具。它的工作原理是通过降低像素之间的反差,使图像产生柔化朦胧的效果。

(2) 锐化工具可以显示出更多的细节,与模糊工具相反,它是一种可以让图像色彩变得锐利的工具,它是增强像素之间的反差,提高图像对比度的工具。

(3) 涂抹工具就好比我们的手指,它可以模仿我们用手指在潮湿的图像中进行涂抹,得到很有趣的变形效果。通过按下【Alt】键的同时单击工具箱的适当位置或者按下【Shift＋R】键,可以在"模糊工具"和"锐化工具"之间进行切换。

2.橡皮擦工具的功能就是擦除颜色,但擦除后的效果会因为所在图层不同而有所不同。当在背景层上进行擦除时,擦除过的区域会被背景色所填充;当擦除图层不是背景层时,擦除过的区域会变成透明。

橡皮擦工具的"模式"下拉菜单列表中的各项意义如下:

(1)画笔:当此项被选中时,橡皮擦工具使用画笔的笔刷及参数。

(2)铅笔:当此项被选中时,橡皮擦工具使用铅笔的笔刷及参数。

(3)块:当此项被选中时,橡皮擦工具使用方块笔刷。

任务 6　个性照片制作

 任务目标:

1.掌握"应用图像"命令的使用方法。

2.学会使用快速蒙版制作选区。

3.掌握通道面板的设置方法。

个性照片制作

 任务说明:

本任务主要通过使用调整菜单中的工具制作个性照片,如图 6-6-1 和图 6-6-2 所示。

图 6-6-1　任务 6 原图

图 6-6-2　个性照片效果

完成过程

步骤 1　打开需要制作的人物图片（附赠光盘教学模块 6/素材/人物 4.jpg），复制背景层得到"背景副本"层。

步骤 2　打开作为背景的书法文件（附赠光盘教学模块 6/素材/书法.jpg），选择"移动工具" ▸✦ 将书法文件移入人物图片，成为"图层 1"，把图层 1 放置在背景副本层下方，如图 6-6-3 所示。

步骤 3　单击工具箱最下端"以快速蒙版模式编辑工具" ▣，选择"画笔工具" ✎，调整笔刷大小，对所选对象进行涂抹。效果如图 6-6-4 所示。

图 6-6-3　图层位置

图 6-6-4　快速蒙版效果

步骤 4　单击工具箱最下端"以标准模式编辑工具" ▣，涂抹区域以外的区域被作为选区出现，效果如图 6-6-5 所示。

步骤 5　选择"选择"→"修改"→"羽化"命令，在"羽化"对话框输入"5"，单击【确定】按钮。按键盘上的【Delete】键删除选区，按【Ctrl＋D】键取消选区。效果如图 6-6-6 所示。

图 6-6-5　退出快速蒙版效果

图 6-6-6　换背景效果

步骤 6　双击背景层将背景层转换为普通层"图层 0"。

步骤 7　设置前景色为 RGB(198,177,148)，使用前景色对图层 0 进行填充。

步骤 8　打开"图层"面板，设置图层 1 的"不透明度"为 20%，效果如图 6-6-7 所示。

步骤 9　打开"沙发"图片文件(附赠光盘教学模块 6/素材/沙发.jpg)，选择工具箱最下端的"以快速蒙版模式编辑工具"🔳，选择"画笔工具"✏️，调整笔刷大小，对所选对象进行涂抹。

步骤 10　再次选择"以快速蒙版模式编辑工具"🔳，涂抹区域以外的区域被作为选区出现。

步骤 11　选择"选择"→"修改"→"羽化"命令，在"羽化"对话框中输入"5"，单击【确定】按钮。按【Delete】键删除选区，按【Ctrl+D】键取消选区。

步骤 12　选择"移动工具"🔼将沙发文件移入人物图片，成为"图层 2"，把"图层 2"放置在"背景 副本"层下方。如图 6-6-8 所示。

图 6-6-7　图层不透明度的调整效果　　　　　　　　图 6-6-8　添加沙发效果

步骤 13　单击"图层"面板右上角的 ▾☰ 按钮，在打开的下拉菜单中选择"拼合图层"。

步骤 14　打开"通道"面板，选择红色通道，选择"图像"→"应用图像"命令，打开"应用图像"对话框，设置如图 6-6-9 所示。

步骤 15　打开"通道"面板，选择绿色通道，选择"图像"→"应用图像"命令，打开"应用图像"对话框，设置如图 6-6-10 所示。

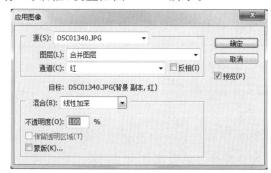
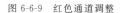

图 6-6-9　红色通道调整　　　　　　　　　　　　图 6-6-10　绿色通道调整

步骤 16 打开"通道"面板,选择蓝色通道,选择"图像"→"应用图像"命令,打开"应用图像"对话框,设置如图 6-6-11 所示。

步骤 17 选择"滤镜"→"锐化"→"USM 锐化"命令,数据可根据个人喜好进行设置。见图 6-6-2。

图 6-6-11 蓝色通道调整

相关知识

1. 图像色彩和色调的调整一般只针对当前层的图像,对其他图层没有任何影响。

2. 在没有任何选区的情况下,调整针对当前层的整幅图像,若有选区,调整只针对当前选区内的图像进行。

3. 使用命令时,用户可以对调整后的图像效果进行预览。

4. 在打开对话框时,若按下【Alt】键不放,则对话框的【取消】按钮变为【复位】按钮,单击该按钮可以将对话框中的参数设置还原。

5. 在进行色彩和色调调整时,用户可以打开"信息"面板显示数据信息。若已经打开对话框,可以按【F8】键显示或隐藏"信息"面板。

经验指导

在这里结合数字色彩理论的论述,对数码照片在色彩和色调的调整操作中容易产生的"焦""乱""脏""素""灰""亮""无景深感"的弊病做简单的介绍。

❶ "焦":色彩太艳,饱和度过高

它的问题是画面上到处充满高饱和度的鲜艳颜色,这是初涉数码调色的人最容易犯的毛病。造成这一现象的重要原因是缺乏色彩训练,很多初学者很容易把颜色调得过艳,色彩对比过大,尤其是外景树绿的像油漆染过的,花红的像火一样的现象常常发生,为追求所谓的"通透"色阶,往往过分地增加对比,造成色彩饱和度过高而不觉得自己调色有问题。

❷ "乱""脏":杂乱无章,无色调可言

"乱"——主要表现在画面杂乱无章,无主色调可言,各色彩之间没有建立起一定的联系,最常见的现象是为追求所谓肤色的"粉嫩"造成人物色和环境色脱离或为了色彩的"绚丽"在不重视色彩明度及面积而过多地使用色彩差异较大的颜色造成无主次色调,花花绿绿的一大堆,往往人们的眼睛都被花乱的颜色弄乱了而忽视本为照片主体的人物。

"脏"——色彩的冷暖关系不对,色彩倾向不准确;照片上滥用黑色,中间色调或亮部色彩中黑色成分过多。主要表现在为渲染主体常常用加深/减淡或其他工具把原本较亮的部分(尤其是照片四周)强行压暗,造成照片脏,或在暖色调照片中的暗部增加冷色而造成的脏色,这一现象尤其是在模仿"军色"时最容易发生,这是因为与黄、橙等暖色比偏蓝的冷色明度低。

❸ "素":颜色恐惧症

与"焦"相反,"素"是指用色过于谨慎,在配色上"不求有功,但求无过"。经常用单色或低饱和的色彩调色。有些地方甚至把单色调和低饱和调色作为主流,这样的调色主要在明度上拉开差异,绝对不会觉得照片难看,但缺乏新意和冲击力,这样的问题在调油画调和复古色的照片中容易出现。

❹ "灰""亮":明暗不对,色彩不纯

(1)"灰"有两种情况

①画面的明暗层次拉不开距离,该明的不亮,该暗的不深,解决的方法是把色阶的黑白场调整到位就可以了。

②另一种现象是什么颜色中都添加一些黑色或补色、对比色,使颜色失去饱和度和鲜明的个性。后期在调色过程中经常有这样的现象发生:色阶、曲线已经把反差拉的很大可照片还是不透,肤色还是发暗很难调整,主要原因是色彩已经不够纯了。以肤色为例,正常环境下人的皮肤应该偏黄红色,可如果肤色混进了青色、蓝色这样的颜色,纯度发生了改变就会觉得皮肤发灰,这时候就很难调了。

(2)"亮"

片面追求"亮色",照片整体过亮,无层次,人物整体尤其皮肤过白,男女肤色无差异,两张白生生的脸无立体感可言,这样的情况一是受传统化妆"粉厚,脸白就是美"的影响。二就是存在把照片提得过亮好修片的偷懒思想。

❺ 无景深感

不了解空间透视现象,远景和近景都采用同样高饱和度的颜色,并且远近一样清晰、一样冷暖,没有虚实感,造成空间虚假的画面。在调修过程中对欠缺的照片用模糊滤镜作景深时要把握一条规律,即视距越远的物体色彩越偏冷、视觉越模糊。

拓展训练

训练 6-1　数码相片的颜色校正

任务要求:

利用 Photoshop 图像中的调整工具给数码照片做颜色校正。

步骤指导:

(1)自动色调。

(2)曲线调整。

任务效果：

如图 6-6-12 和图 6-6-13 所示(附赠光盘教学模块 6/素材/农庄.jpg 和农庄处理后.jpg)。

图 6-6-12　训练 6-1 原图

图 6-6-13　数码相片的颜色校正效果

训练 6-2　人物照片的脸部美容修饰

任务要求：

利用图章和图像调整工具实现美化人物的效果。

步骤指导：

(1)打开图像文件。

(2)去掉脸上的雀斑瑕疵。

(3)去掉红血丝。

(4)整体磨皮变白。

任务效果：

如图 6-6-14 和图 6-6-15 所示(附赠光盘教学模块 6/素材/人物 5.jpg 和人物 5 处理后.jpg)。

图 6-6-14　训练 6-2 原图

图 6-6-15　美容效果

训练 6-3　照片曝光处理

任务要求：

把曝光过度的照片调整到正常状态。

步骤指导：

(1)打开图像文件。

(2)曝光过度的调整方法。

任务效果：

如图 6-6-16 和图 6-6-17 所示(附赠光盘教学模块 6/素材/人物 6.jpg 和人物 6 处理后 .jpg)。

图 6-6-16　训练 6-3 原图　　　　　　　　　　图 6-6-17　曝光处理效果

训练 6-4　黑白照片变彩色照片的制作

任务要求：

利用所学知识把黑白照片变成彩色照片。

步骤指导：

(1)转换图片模式。

(2)选中皮肤部分用色相/饱和度上色。

(3)选中衣服部分用色相/饱和度上色。

(4)调整"图层"面板中的图层混合模式。

(5)细节修改。

任务效果：

如图 6-6-18 和图 6-6-19 所示(附赠光盘教学模块 6/素材/人物 7.jpg 和人物 7 处理后 .jpg)。

图 6-6-18　训练 6-4 原图　　　　　6-6-19　黑白照片变彩色照片的效果

训练 6-5　　云雾效果合成

任务要求：

利用所学知识给风景照片加上云雾效果。

步骤指导：

(1)打开图片文件。

(2)利用模糊工具制造空间感。

(3)利用添加渐变映射、曲线。

(4)使用滤镜添加云彩。

(5)使用橡皮擦工具擦出前后空间效果。

任务效果：

如图 6-6-20 和图 6-6-21 所示(附赠光盘教学模块 6/素材/山间.jpg 和山间处理后.jpg)。

图 6-6-20　训练 6-5 原图　　　　　图 6-6-21　云雾合成的效果

训练 6-6　个性照片制作

任务要求:

利用所学知识制作人物为主的杂志封面。

步骤指导:

(1)创建新文件

(2)抠像

(3)对人物做美容

(4)替换背景

(5)添加文字

任务效果:

如图 6-6-22 和图 6-6-23 所示(附赠光盘教学模块 6/素材/人物 8.jpg 和人物 8 处理后 .jpg)。

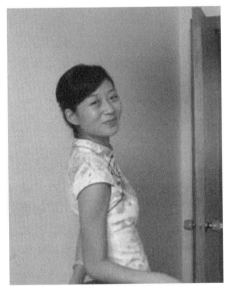

图 6-6-22　训练 6-6 原图

图 6-6-23　个性照片的制作效果

模块 07 通道、蒙版和滤镜

教学模块 7 前言

教学目标

　　本模块以任务的形式全面介绍通道和蒙版的特点以及滤镜的应用；利用"通道"面板中的颜色信息通道快速更改图像颜色的方法。利用通道的原理快速抠取特殊背景下的透明区域图像，编辑通道与创建选区、编辑选区的方法以及应用图层蒙版和快速蒙版编辑图像的方法和技巧。

　　滤镜是 Photoshop 的特色工具之一，充分利用好滤镜不仅可以改善图像效果、掩盖缺陷，还可以在原有图像的基础上产生许多炫目的特殊效果。本模块以任务的形式全面介绍内置滤镜和外挂滤镜的使用方法和技巧。通过本模块内容的学习，将会领略到滤镜神奇莫测的效果，并能够举一反三，更好地辅助图形图像的设计与制作。

教学要求

知识要点	能力要求	关联知识
通道和通道面板	了解颜色信息通道与 Alpha 通道的特点	图层面板、通道面板
Alpha 通道的创建与编辑	掌握 Alpha 通道的创建与编辑的方法与技巧，完成"抠婚纱"任务	图层、选区与通道、各种工具的应用
专色通道	认识和了解专色通道的作用	图层、通道面板及印刷常识

（续表）

知识要点	能力要求	关联知识
蒙版的特点及应用	理解选区、通道与蒙版的关系	图层、选区、通道和蒙版
蒙版的应用与编辑	掌握图层蒙版与快速蒙版的创建与编辑的方法和技巧,完成任务的制作与实训	图层的概念、通道面板、工具的应用、选区的创建与编辑等
内置滤镜:抽出、液化、消失点、滤镜库	掌握内置滤镜的使用方法和技巧。能够快速完成抠头发、火焰字、黄金字、滤镜库、抠婚纱等任务	图层、选区、蒙版、通道、路径和颜色的选择应用
外挂滤镜:KPT滤镜、Eye Candy 4.0 滤镜	掌握外挂滤镜的安装方法;了解外挂滤镜的种类、掌握使用方法和技巧	外挂滤镜软件的种类

任务 1　水上城市

 任务目标：

微课21

水上城市

1. 认识蒙版和图层蒙版的概念。
2. 掌握图层蒙版的基本操作。
3. 学会图层蒙版的应用。
4. 掌握图层蒙版的各种建立方法。

 任务说明：

本任务主要通过使用图层蒙版制作"水上城市"效果，效果图如图 7-1-1 所示。

图 7-1-1　水上城市效果

 完成过程

　　步骤 1　新建文件，文件名为"水上之都"（附赠光盘教学模块 7/素材/水上之都.jpg），尺寸为 1000 像素×1000 像素，分辨率为 72 像素/英寸，背景内容为 RGB(37,100,159)。

　　步骤 2　选择"文件"→"打开"命令，打开素材文档中的图像文档"城市.jpg"（附赠光盘教学模块 7/素材/城市.jpg)。选择"移动工具" ，将图像移动到"水上之都"文件中，形成图层 1，选中该图像，选择"编辑"→"变换"→"缩放"命令，调整其大小，效果如图 7-1-2 所示。

　　步骤 3　打开"路径"面板，在"路径"面板下方单击"新建路径"按钮 ，新建"路径 1"。选择"钢笔工具" ，单击其工具属性栏的"路径"按钮 ，按照楼房的边界轮廓勾勒出后面操作中要保留的建筑物轮廓。效果如图 7-1-3 所示。

图 7-1-2　调整后的效果　　　　　　　　　　图 7-1-3　路径效果

　　步骤 4　按【Ctrl＋Enter】键将路径转换为选区，打开"图层"面板，单击"添加图层蒙版"按钮 ，建立图层蒙版，图层效果如图 7-1-4 所示，图层蒙版效果如图 7-1-5 所示。得到的图层蒙版边界比较生硬，可以使用画笔工具，前景色设为黑色，画笔设置如图 7-1-6 所示，将蒙版边界涂得柔和一些，如图 7-1-7 所示。

图 7-1-4　图层 1 图层效果　　　　　　　　　图 7-1-5　图层 1 图层蒙版效果

　　步骤 5　选择"文件"→"打开"命令，打开素材文档中的图像文档"城市 2.jpg"(附赠光盘教学模块 7/素材/城市 2.jpg)。选择"移动工具" ，将图像移动到"水上之都"文件中，形成图

层 2,将其放于图层 1 的下面,选中该图像,选择"编辑"→"变换"→"缩放"命令,调整其大小和
位置,效果如图 7-1-8 所示,图层效果如图 7-1-9 所示。

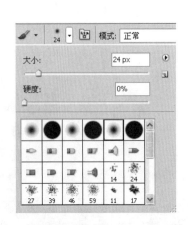

图 7-1-6　图层 1 画笔选择效果

图 7-1-7　柔和的蒙版边界效果

图 7-1-8　图层 2 的位置效果

图 7-1-9　图层 2 图层效果

步骤 6　按照步骤 3～4 的方法,将图层 2 处理成如图 7-1-10 所示效果。

步骤 7　选择"文件"→"打开"命令,打开素材文档中的图像文档"洪水.jpg"(附赠光盘教
学模块 7/素材/洪水.jpg)。选择"移动工具" 将图像移动到"水上之都"文件中,形成图层 3。
将图层 3 调整到图层 1 和图层 2 的下方,选中该图像,选择"编辑"→"变换"→"缩放"命令,调
整其大小,缩小至 33% 左右,调整位置即可。效果见图 7-1-1。

步骤 8　图层效果如图 7-1-11 所示。

图 7-1-10　图层 2 图层蒙版效果　　　　　　图 7-1-11　图层 3 图层效果

 相关知识

① 关于蒙版

Photoshop 中的蒙版相当于传统的暗房技术，其基本的功能是遮挡，通过遮挡生成某种范围指向，这种范围指向也就是前面提到的选区。当一幅图像上有选区时，对图像所做的着色或编辑都只针对选区有效，其余部分好像是被保护起来了。但这种选区只是临时的，为了保存多个选区，能重复使用并较容易地编辑它们，于是产生了蒙版。

在 Photoshop 中，蒙版存储在 Alpha 通道中。蒙版和通道是灰度图像，因此，也可以像编辑其他图像那样编辑它们。对于蒙版和通道，绘制为黑色的区域受到保护，绘制为白色的区域可进行编辑。

② 蒙版与选区的关系

可以把它们视为同一个事物的不同方面。选区一旦选定，实际上也就是创建了一个蒙版，而未选中区域将"被蒙版"或受保护以免被编辑。选区和蒙版存储起来，就是 Alpha 通道（下边我们讲解）。它们之间可以互相转换。

微课-提升篇
蒙版应用（1）

微课-提升篇
蒙版应用（2）

③ 添加图层蒙版

在 Photoshop 中，可以添加图层蒙版来隔离和保护图像的各个区域。这种类型的蒙版只影响一个或几个图层，其他图层不受影响，且蒙版在图像中将不可见。正是由于这一特性，图层蒙版被广泛地应用于图像的合成，成为 Photoshop 中蒙版应用的主流。

为图层添加图层蒙版后，在相应的图层缩略图后面会增加一个图层蒙版缩略图，以提醒该图层添加了一个图层蒙版。然而，"图层"面板中的缩略图仅仅是一个标记，并不是图层蒙版本身。真正的图层蒙版不过是一个通道而已，打开"通道"面板可以清晰地看到图层蒙版的"真面目"。

由此可见，图层蒙版不过是一个通道，而通道是以一幅灰度图来记录信息的。因此，可以应用任何编辑图像的方法来编辑图层蒙版。就编辑手段而言，图层蒙版是各类蒙版中功能最为丰富的。图层蒙版是通过通道中灰度图的灰阶来控制目标图层显示或隐藏的。

在 Photoshop 中,双击图层蒙版图标可以打开"图层蒙版显示选项"对话框。如图 7-1-12 所示。

④ 添加矢量蒙版

矢量蒙版是通过路径控制目标图层显示或隐藏的。Photoshop 中的图层蒙版和矢量蒙版可以在同一图层上生成软硬混合的蒙版边缘。通过编辑图层蒙版或矢量蒙版,可得到各种特殊效果。如图 7-1-13 所示。

图 7-1-12 "图层蒙版显示选项"对话框

图 7-1-13 "矢量蒙版"效果

⑤ 切换当前编辑对象

单击图层中的"图像"缩略图、"图层蒙版"缩略图或"矢量蒙版"缩略图可以在它们之间切换,当选定该内容后,其缩略图外围会出现一个轮廓框,表示当前编辑的对象。

⑥ 链接图层

在图像缩略图和图层蒙版缩略图之间有⑧标志,代表该图层的图像操作与蒙版操作是链接在一起的,如移动操作。单击⑧标志即去除链接关系,再次单击该位置又可以打开链接。

⑦ 关闭蒙版效果

按【Shift】键并单击"图层蒙版"缩略图或"矢量蒙版"缩略图即可关闭该蒙版的作用效果,再次按【Shift】键并单击缩略图,可以恢复其作用。

⑧ 切换工作区显示效果

按【Alt】键并单击"图层蒙版"缩略图或"矢量蒙版"缩略图即可在工作区内显示该蒙版的效果,再次按【Alt】键并单击缩略图,可以恢复图像的显示。

任务 2 "抠头发"效果

任务目标:

1. 掌握通道的概念。
2. 掌握滤镜的基本操作。
3. 掌握通道的应用。
4. 掌握通道与蒙版的关系。

微课22

"抠头发"效果

任务说明:

本任务主要通过使用通道和滤镜制作"抠头发"效果,效果如图 7-2-1 所示。

图 7-2-1　"抠头发"效果

完成过程

方法一：

步骤 1　选择"文件"→"打开"命令，打开素材文档中的图像文档"抠头发.jpg"（附赠光盘教学模块 7/素材/抠头发.jpg）。复制背景层，改名为"图层 1"。按【Ctrl＋J】键两次，复制图层 1，得到图层 1 副本和图层 1 副本 2。再创建图层 2，将图层 2 放在图层 1 与图层 1 副本层之间，并填充颜色，这里填充了蓝色，作为检验效果和新的背景层。"图层"面板如图 7-2-2 所示。

步骤 2　选择图层 1，选择菜单"滤镜"→"抽出"命令，打开"抽出"对话框，勾选"强制前景"，用"吸管工具" 选择浅颜色，抽取头发的高光发丝。用"边缘高光器工具" 涂抹绿色，人物边缘的发丝要用小一点的笔触涂抹，这里选择了 5，如图 7-2-3 所示。

图 7-2-2　图层 2　　　　　　　　图 7-2-3　用"边缘高光器工具"涂抹绿色

步骤 3　边缘处可通过选择"缩放工具" ，将图像放大后，用"抓手工具" 移动图像位置，观察处理，如图 7-2-4 所示。

步骤 4　单击【预览】按钮,查看不含背景的图像。单击【确定】按钮,抽出高光部分图像,效果如图 7-2-5 所示。

图 7-2-4　将图像放大后观察处理　　　　　　图 7-2-5　抽出的高光部分图像

步骤 5　选择"图层 1 副本","图层"面板如图 7-2-6 所示。选择"滤镜"→"抽出"命令,打开"抽出"对话框,勾选"强制前景"复选框,用"吸管工具"选择棕色,抽取头发的棕色发丝。用"边缘高光器工具"涂抹绿色,效果如图 7-2-7 所示。

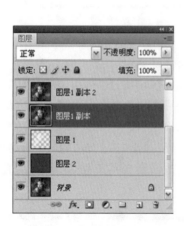

图 7-2-6　图层 1 副本　　　　　图 7-2-7　用"边缘高光器工具"涂抹绿色

步骤 6　单击【预览】按钮,查看不含背景的图像。如图 7-2-8 所示。

步骤 7　单击【确定】按钮,抽出所选棕色部分图像,效果如图 7-2-9 所示。

图 7-2-8　单击【预览】按钮后的效果　　　　　图 7-2-9　抽出棕色部分效果

步骤 8　选择"图层 1 副本 2"，选取"滤镜"→"抽出"命令，在打开的"抽出"对话框中，取消勾选"强制前景"复选框，用"边缘高光器工具"涂抹绿色，描边时为使效果更好，笔触尽量小一点，一般在 5 左右。不合适的地方也可用"橡皮擦工具"擦除，重新勾画。选择左侧工具箱中的"填充工具"，在要保留的区域单击，填充蓝色，效果如图 7-2-10 所示。

图 7-2-10　填充蓝色

步骤 9　单击【预览】按钮，查看不含背景的图像，如图 7-2-11 所示。单击【确定】按钮，抽出图像。

步骤 10　在"图层"面板中选择"图层 1 副本 2"，添加蒙版。打开"通道"面板，选择蒙版，用黑色画笔修掉边缘杂色。为使抽出后多余的黑色降低，进一步与图层 1 融合，完善发丝的效果，选择用 70％的灰色画笔涂抹边缘的发丝，如图 7-2-12 所示。

图 7-2-11　查看不含背景的图像

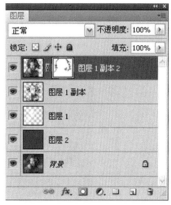

图 7-2-12　涂抹边缘的发丝

步骤 11　单击图层缩略图，观看效果，如图 7-2-13 所示。

步骤 12　如果对抠出的高光发丝颜色不满意，可选择"图层 1"，选取"图像"→"调整"→"色相/饱和度"命令，在打开的"色相/饱和度"对话框中进行调整，使之与头发的主体颜色融合,单击【确定】按钮,如图 7-2-14 所示。

　　步骤 13　分别选择"图层 1"、"图层 1 副本"图层,设定不同的图层混合模式,观察图像,选择其中一幅作为最终的图像效果,如图 7-2-15 所示。还可以选择一个新的图像,替换蓝色图层,见图 7-2-1。

图 7-2-13　观看效果　　　　　　　　　　　图 7-2-14　"色相/饱和度"对话框

方法二:

　　步骤 1　选择"文件"→"打开"命令,打开素材文档中的图像文档"抠头发.jpg"(附赠光盘教学模块 7/素材/抠头发.jpg)。按【Ctrl+J】键,复制背景图层。

　　步骤 2　选择"滤镜"→"抽出"命令,打开"抽出"对话框,如图 7-2-16 所示。

图 7-2-15　方法一完成的效果图

图 7-2-16　"抽出"对话框

步骤 3　单击左侧工具箱中的"边缘高光器工具"，在工具选项中设置画笔大小为 30，勾选"智能高光显示"复选框，然后在图中人物边界外侧的某一点单击并拖动，包围所要保留区域的边缘，如图 7-2-17 所示。也可用"橡皮擦工具"擦除选区，重新勾画。该边界不要求非常精确，系统会自动对该区域进行分析，从而找出边界。

图 7-2-17　包围所要保留区域的边缘

步骤 4　选择左侧工具箱中的"填充工具"，在要保留的区域单击填充，此时画面如图 7-2-18 所示。

图 7-2-18　填充要保留的区域

步骤 5　单击【预览】按钮，查看不含背景的图像，效果如图 7-2-19 所示。

图 7-2-19　预览选出的对象

步骤 6　很明显，此时选取的对象还有许多问题，为此可首先选中左侧工具箱中的"缩放工具"，然后在预览区单击放大图像显示。随后选取工具箱中的"清除工具"，在预览区单击并拖动擦拭不要的区域使该区域变为透明区；也可以按下【Alt】键使其不透明，按数字键 0～9 更改压力。再选择"边缘修饰工具"清除边缘，按住【Ctrl】键移动边缘，按 0～9 更改压力。经过修饰后的图像效果如图 7-2-20 所示。

步骤 7　单击【确定】按钮，关闭"抽出"对话框。完成效果如图 7-2-21 所示，最终效果见图 7-2-1。

图 7-2-20　经过修饰后的图像效果

图 7-2-21　方法二的效果图

由此可见，"抽出"滤镜的最大优点是，它具有较强的灵活性。可以随意对选取的边界进行修改，并可选取多个部分。但选取出的边界不够理想，还可尝试第一种方法进行操作。

相关知识

① 关于通道

通道是 Photoshop 中几个重要概念之一，主要用于保存图像的颜色信息或选区。打开一幅图像时，Photoshop 会自动创建颜色信息通道，图像的颜色模式决定所创建的颜色通道的数目，例如 RGB 图像有红色、绿色、蓝色三个颜色通道，而 CMYK 图像有青色、洋红、黄色、黑色四个颜色通道。除了颜色信息通道外，Photoshop 的通道还包括专色通道和 Alpha 通道。

当打开一幅 RGB 模式的图像时，我们可以看到其自动创建的颜色信息通道，RGB 图像的每种颜色（红色 R、绿色 G 和蓝色 B）分别都有一个通道，并且还有一个用于编辑图像的复合通道。

如果将每个像素点的 R 值都提取出来，可得到一幅灰度图像（其取值范围为 0~255）。这个灰度图像就是 R 通道，它存储了图像 R 颜色的信息值。用同样的方法可以得到 G、B 这两个通道。如果将 RGB 这三个通道重新组合起来，可以形成一个复合通道，就是 RGB 主通道。这个通道包括了图像中的所有颜色信息，如图 7-2-22 所示。而打开 CMYK 模式的图像，则会看到其"通道"面板中有四种颜色信息通道，如图 7-2-23 所示。

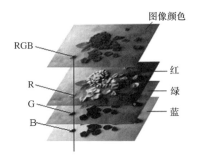

图 7-2-22 RGB 通道图解　　　　图 7-2-23 CMYK 通道面板

以下图向日葵为例，可以看到其颜色信息通道和 Alpha 通道的效果，如图 7-2-24 所示。

图 7-2-24 图像的颜色信息通道及 Alpha 通道效果图

② "通道"面板

对通道的处理主要是通过"通道"面板来进行，"通道"面板可用于创建和管理通道，并监视编辑效果。要显示"通道"面板，请选择"窗口"→"通道"命令。

通常，"通道"面板中的堆叠顺序为：最上方是复合通道（对于 RGB、CMYK 和 Lab 图像，复合通道为各个颜色通道叠加的效果），然后是颜色通道、专色通道，最后是 Alpha 通道。通道内容的缩略图显示在通道名称的左侧，在编辑通道时，它会自动更新。另外，每一个通道都有一个对应的快捷键，这使得不打开"通道"面板即可选中通道。

单击面板右上方的小三角，可以打开"通道"面板的下拉菜单，选取其中的命令便可进行相应的面板功能操作。图 7-2-25 显示了一幅 RGB 彩色图像的"通道"面板，该面板详细列出了当前图像中的所有通道及"通道"面板的功能。

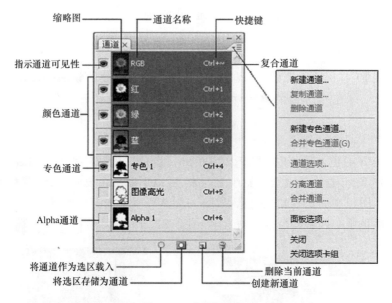

图 7-2-25 "通道"面板

可以使用该面板来查看文档窗口中的任何通道组合。例如，可以同时查看 Alpha 通道和复合通道，观察 Alpha 通道中的更改与整幅图像有怎样的关系。查看缩略图是一种跟踪通道内容的简便方法，但关闭缩略图显示可以提高性能。

要隐藏通道缩略图或调整其大小，请单击"通道"面板右上角的按钮，然后选择"面板选项"，打开"通道面板选项"对话框，选取面板的大小；单击"无"，将关闭缩略图显示。

③ "通道"面板的功能按钮

将通道作为选区载入 ⚬：单击该按钮，可将当前通道作为选区载入。

将选区存储为通道 ◉：单击该按钮，可将当前选区在"通道"面板中存储为一个 Alpha 通道。

创建新通道 ▣：单击该按钮，可建立一个新的 Alpha 通道。

删除当前通道 🗑：单击该按钮，可删除当前通道，但不能删除 RGB 主通道。

若按住【Ctrl】键后单击通道，可以得到当前通道的选区范围。若按住【Ctrl＋Shift】键单击通道，则可将该通道选区范围增加到已有的选区范围中。

④ 将颜色通道显示为彩色

选取"编辑"→"首选项"→"界面"命令，将会打开"首选项"对话框，如图 7-2-26 所示。再勾选"用彩色显示通道"复选框，单击【确定】按钮即可。

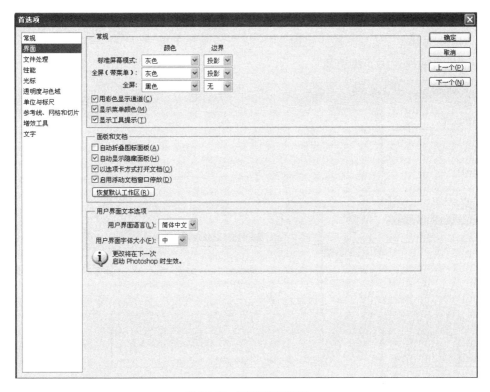

图 7-2-26 "首选项"对话框

⑤ 显示/隐藏和复制通道

要显示或隐藏通道,在"通道"面板中单击 👁 图标即可。

要复制通道,只需将该通道拖移到面板底部的"创建新通道"按钮 🔳 上即可。

⑥ 滤镜

滤镜是 Photoshop 的特色工具之一,充分地利用好滤镜不仅可以改善图像效果、掩盖缺陷,还可以在原有图像的基础上产生许多炫目的特殊效果。Adobe 提供的滤镜显示在"滤镜"菜单中,第三方软件开发商提供的某些滤镜可以作为增效工具使用,在安装后,这些增效工具滤镜出现在"滤镜"菜单的底部。根据它们的这些特性,我们称前者为"内置滤镜",后者为"外挂滤镜"。

滤镜按类别可分为 13 类,要使用滤镜,从"滤镜"菜单中选取相应的子菜单命令即可。如图 7-2-27 和图 7-2-28 所示。

滤镜的功能非常强大,作为增效工具的外挂滤镜补充了大量的、种类繁多的特殊效果,要想用这些滤镜制作出精美的效果,除了要熟悉滤镜的操作外,还需要有一定的审美能力和想象力,这样才能根据自己的想法,熟练地应用滤镜。

我们将从滤镜的基本应用出发,从滤镜菜单中选择了部分经常使用且具有一定代表性的内置滤镜和外挂滤镜,通过任务的操作过程演练,详细介绍这些滤镜的使用方法、技巧,了解这些滤镜的效果,进一步加深对滤镜的了解与掌握。至于滤镜在实际工作中的应用,还需自己多多实践,慢慢去领会各个滤镜的内在功能。

滤镜的使用方法很简单,从 Photoshop 的"滤镜"菜单中选择所要应用的滤镜组,在显示的子菜单上选定滤镜。有些滤镜的后面没有省略号,则选定之后立即选取,有省略号的滤镜在单击后将会出现对话框,允许设置滤镜的参数,以指定输出的效果。但必须遵循一定的操作要领,才能准确有效地使用滤镜功能。

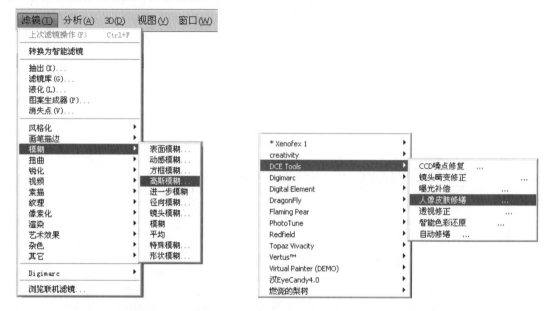

图 7-2-27　内置滤镜菜单　　　　　　　　　　图 7-2-28　增效工具滤镜菜单

"抽出"滤镜可以从图片中分离出图像的某一部分。即使对象的边缘细微、复杂或无法确定,也无需太多的操作就可以将其从背景中抠出。

本任务介绍了应用"抽出"滤镜从复杂的背景中快速"抠头发"的两种方法。从图 7-2-1 的图像素材中我们看到,人物的头发边缘零乱,颜色复杂,很显然,抠取时会费时费力且很难达到较好的效果。在这里我们应用了"抽出"滤镜,快速完成了"抠头发"的操作。

"抽出"滤镜属于强制性分离图像,处理后的图片非保留区的像素将被清除掉,无法复原。因此,在抽出图像前应做好图片的备份工作,在使用滤镜的时候注意抽出部分的图像细节。

(1)在 Photoshop CS5 中安装抽出滤镜

在 Photoshop CS5 这一版本中比较经典的抽出滤镜并没有默认安装,要找回"抽出"滤镜,可按如下方法去做:

方法 1:如果计算机里尚未把 CS3 或更早版本的 Photoshop 卸载掉,可以通过资源管理器,按照原来的安装路径,即在…\Photoshop CS3\Plug-ins\Filters 路径中找到 Extract Plus 8BF 文件,将其复制下来,再粘贴到…\ Photoshop CS5 Plug-ins\ Filters 路径中。

方法 2:如果计算机里已无更早版本的 Photoshop,则可从网上下载"抽出"滤镜的安装包,将安装包中的文件解压出来。或到安装有 Photoshop 的计算机里去复制"简体中文\实用组件\可选增效工具\增效工具(32 位)\Filters"中的文件。再粘贴到 Photoshop CS5 的…\Plug-ins\ Filters 路径中。完成后,重新启动 Photoshop CS5,单击"滤镜"菜单,便可以看到想要的"抽出"滤镜了。

(2)从"滤镜"菜单应用滤镜

可以对现用的图层或智能对象应用滤镜。应用于智能对象的滤镜没有破坏性,并且可以随时对其进行重新调整。

选取下列操作之一：

要将滤镜应用于整个图层，请确保该图层是当前图层或选中的图层。

要将滤镜应用于图层的一个区域，请选择该区域。

要在应用滤镜时不造成破坏以便以后能够更改滤镜设置，请选择包含要应用滤镜的图像内容的智能对象。

从"滤镜"菜单的子菜单中选取一个滤镜。

如果不出现任何对话框，则说明已应用该滤镜效果。

如果出现对话框或滤镜库，请输入数值或选择相应的选项，然后单击【确定】按钮。

（3）从滤镜库应用滤镜

滤镜效果是按照它们的选择顺序应用的。在应用滤镜之后，可通过在已应用的滤镜列表中将滤镜名称拖动到另一个位置来重新排列它们。重新排列滤镜效果可显著改变图像的外观。单击滤镜旁边的眼睛图标 👁️，可在预览图像中隐藏效果。此外，还可以通过选择滤镜并单击"删除效果图层"图标 🗑️ 来删除已应用的滤镜。

①选取"滤镜"→"滤镜库"命令。

②单击一个滤镜名称以添加第一个滤镜。可能需要单击滤镜类别旁边的倒三角形以查看完整的滤镜列表。添加滤镜后，该滤镜将出现在"滤镜库"对话框右下角的已应用滤镜列表中。

③为选定的滤镜输入值或选择选项。

④请选取下列任一操作：

要累积应用滤镜，可单击"新建效果图层"图标 🗔，并选取要应用的另一个滤镜。重复此过程以添加其他滤镜。

要重新排列应用的滤镜，可将滤镜拖动到"滤镜库"对话框右下角的已应用滤镜列表中的新位置。

要删除应用的滤镜，可在已应用滤镜列表中选择滤镜，然后单击"删除效果图层"图标 🗑️。如果对结果满意，可单击【确定】按钮。

（4）应用滤镜的原则

①滤镜应用于当前可见图层或选区。

②对于 8 位/通道的图像，可以通过"滤镜库"累积应用大多数滤镜。所有滤镜都可以单独应用。

③不能将滤镜应用于位图模式或索引颜色的图像。

④有些滤镜只对 RGB 图像起作用。

⑤可以将所有滤镜应用于 8 位图像。

⑥可以将下列滤镜应用于 16 位图像：液化、消失点、平均模糊、模糊、进一步模糊、方框模糊、高斯模糊、镜头模糊、动感模糊、径向模糊、表面模糊、形状模糊、镜头校正、添加杂色、去斑、蒙尘与划痕、中间值、减少杂色、纤维、云彩、分层云彩、镜头光晕、锐化、锐化边缘、进一步锐化、智能锐化、USM 锐化、浮雕效果、查找边缘、曝光过度、逐行、NTSC 颜色、自定、高反差保留、最大值、最小值以及位移。

⑦可以将下列滤镜应用于 32 位图像：平均模糊、方框模糊、高斯模糊、动感模糊、径向模糊、形状模糊、表面模糊、添加杂色、云彩、镜头光晕、智能锐化、USM 锐化、逐行、NTSC 颜色、浮雕效果、高反差保留、最大值、最小值以及位移。

⑧有些滤镜完全在内存中处理。如果可用于处理滤镜效果的内存不够，将会收到一条错误消息。

(5)预览和应用滤镜技巧

选取滤镜特别是将滤镜应用于较大图像常常需要花费很长时间，因此，在绝大多数滤镜对话框中，几乎都提供了预览图像的功能，可大大提高工作效率。可以在预览窗口中拖动以使图像的一个特定区域居中显示。在某些滤镜中，可以在图像中单击以使该图像在单击处居中显示。单击预览窗口下的【＋】或【－】按钮可以放大或缩小图像。还可以对当前图层或智能对象应用滤镜。应用于智能对象的滤镜没有破坏性，并且可以随时对其进行重新调整。

任务 3 "抠婚纱"效果

任务目标：

1. 熟练掌握通道的操作。
2. 掌握抠图技巧。
3. 掌握利用通道完成相近背景下抠取半透明图像的操作。

微课23

"抠婚纱"效果

任务说明：

本任务主要通过利用通道轻松完成相近背景下抠取半透明图像的操作，实现"抠婚纱"效果，其原始图像与效果图对比如图 7-3-1 所示。

图 7-3-1　原始图像与效果图

完成过程

　　步骤 1　选择"文件"→"打开"命令,打开素材文档中的图像文档"抠婚纱.jpg"(附赠光盘教学模块 7/素材/抠婚纱.jpg)。选择背景层,选取"图层"→"新建"→"通过拷贝的图层"或按【Ctrl＋J】键,复制背景层,创建图层 1。

　　步骤 2　新建图层 2,填充前景色为纯蓝。如图 7-3-2 所示。

　　步骤 3　关闭图层 2 的图标,将其隐藏。选择图层 1,打开"通道"面板,观察各个颜色通道,选择黑白对比较好的通道。这里选择"绿"通道,复制以后得到"绿 副本"通道,如图 7-3-3 所示。

图 7-3-2　新建图层 2　　　　　　　　　　图 7-3-3　"绿副本"通道

　　步骤 4　选择"图像"→"调整"→"反相"命令或按下【Ctrl＋I】键,将"绿 副本"通道图像反相,如图 7-3-4 所示。

　　步骤 5　选择"图像"→"调整"→"色阶"命令,在打开的"色阶"对话框中设置参数,如图 7-3-5 所示,单击【确定】按钮。

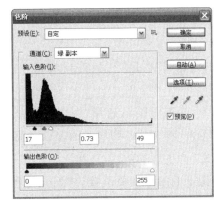

图 7-3-4　将"绿副本"通道反相　　　　　　图 7-3-5　"色阶"对话框

　　步骤 6　选择"磁性自由钢笔工具",创建选区路径,如图 7-3-6 所示。

　　步骤 7　打开"路径"面板,在下方单击按钮将路径转换为选区,如图 7-3-7 所示。

图 7-3-6　创建路径　　　　　　　　　　　图 7-3-7　"路径"面板

步骤 8　按【Ctrl＋Shift＋I】键反选,在选区内用黑色的硬画笔涂抹后取消选区,如图 7-3-8 所示。

步骤 9　编辑应保留的人物主体。把图像放大到 400%,用白色的画笔涂抹,注意右臂与身体间的透明区域不要碰到,效果如图 7-3-9 所示。

步骤 10　选择"仿制图章工具" ，选取临近的颜色,遮盖过于透明的地方。选择"模糊工具" ，设置强度为 50%,涂抹图像中的马赛克。效果如图 7-3-10 所示。

图 7-3-8　用黑色的硬画笔涂抹　　　图 7-3-9　用白色的画笔涂抹　　　图 7-3-10　涂抹图像中的马赛克

步骤 11　返回"图层"面板进行编辑。修改涂抹完成后,选择载入选区,返回图层。如图 7-3-11 所示。

步骤 12　选择图层 1,选择"图层"→"新建"→"通过拷贝的图层"命令或按下【Ctrl＋J】键,得到图层 3。将其放于图层 2 的上方,初见效果。如图 7-3-12 所示。

步骤 13　为了增加质感,选择图层 3,按下【Ctrl＋J】键两次,得到"图层 3 副本"和"图层 3 副本 2",图层 3 的图层模式设置为"强光",图层 3 副本设置为"柔光",图层 3 副本 2 设置为"正常"。

步骤 14　选择"文件"→"打开"命令,打开素材文档中的图像文档"沙漠.jpg"(附赠光盘教学模块 7/素材/沙漠.jpg)。添加背景图像,观看其效果,如图 7-3-13 所示。如人物图像的边缘不理想,可选择"图层"→"修改"→"移去白色杂边"命令。

图 7-3-11　载入选区　　　　　　　图 7-3-12　抠出的图像　　　　　　图 7-3-13　图像效果图

 相关知识

1 Alpha 通道

在进行图像编辑时,所有单独创建的通道都称之为 Alpha 通道。和颜色通道不同,Alpha 通道不用来保存颜色,而是保存选区,将选区存储为灰度图像。还可以添加 Alpha 通道来创建和存储蒙版,这些蒙版用于处理或保护图像的某些部分。其作用是让被屏蔽的区域不受任何编辑操作的影响,从而增强图像编辑的弹性。

在"通道"面板中,通道都显示为灰色。Alpha 通道实际上是一幅 8 位、256 级灰度图像,其中黑色部分为透明区,白色部分为不透明区,而灰色部分为半透明区。可以使用绘图工具在通道上进行绘制,也可以分别对各原色通道进行明暗度、对比度的调整,甚至可以对原色通道单独选取滤镜功能,还可以把其他灰度图像粘贴到通道中,另外,通道和选区还可以互相转换,利用通道可以制作出许多特技效果。

Alpha 通道具有如下特点:

(1)每个图像最多可以包含 56 个通道(包括所有的颜色通道和 Alpha 通道)。

(2)可以指定每个通道的名称、颜色、蒙版选项和不透明度(不透明度影响通道的预览,而不影响图像)。

(3)所有新通道具有与原图像相同的尺寸和像素数目。

(4)可以使用绘画工具、编辑工具和滤镜编辑 Alpha 通道中的蒙版。

(5)将选区存放在 Alpha 通道可使选区永久保留,以便重复使用。

(6)可以将 Alpha 通道转换为专色通道。

2 选择和编辑 Alpha 通道

(1)利用"钢笔工具" 可以创建路径,通过"路径"面板编辑路径,将路径转换为选区,并保存选区,创建通道。

(2)当保存了一个选区后,如果要对该选区进行编辑,通常应先将该通道的内容复制后再进行编辑,以免编辑后不能还原。

(3)在"通道"面板中,单击通道名称,可以选择一个通道;在选择通道时,按下【Shift】键,可选择(或取消选择)多个通道。

（4）根据在通道中白色代表保留的部分，黑色代表舍掉的部分，灰色代表留下的半透明的部分，利用通道中的选区可以编辑去除和保留部分。

（5）利用"仿制图章工具"和"模糊工具"🔾可以编辑通道中的透明部分。

3　注意

如果要在图像之间复制 Alpha 通道，则通道必须具有相同的像素尺寸。

如果要复制另一个图像中的通道，目标图像与所复制的通道不必具有相同像素尺寸。

由于复杂的 Alpha 通道将极大增加图像所需的磁盘空间，存储图像前，为了节省文件存储空间和提高图像处理速度，在通道不再需要时，可以利用"通道"面板删除不再需要的专色通道或 Alpha 通道。

编辑 Alpha 通道时，可使用绘画或编辑工具在图像中绘画。通常，使用黑色进行绘画可在通道中添加图像；用白色进行绘画则从通道中减去图像；用较低的不透明度或颜色进行绘画则以较低透明度添加到蒙版。另外，要更改 Alpha 通道，可像更改图层顺序一样，上下拖动 Alpha 通道，当粗黑线出现在想要的位置时，释放鼠标按键即可。不管 Alpha 通道的顺序如何，颜色信息通道将一直位于最上面。

任务 4　"熏烧"效果

任务目标：

1. 熟练掌握滤镜的操作。
2. 进一步熟悉通道的调整。

微课24

"熏烧"效果

任务说明：

本任务主要通过利用通道调整和滤镜的应用实现"熏烧"效果，其效果图如图 7-4-1 所示。

图 7-4-1　效果图

完成过程

步骤 1　选择"文件"→"打开"命令打开素材文档中的图像文档"熏烧效果素材.jpg"（附赠光盘教学模块 7/素材/熏烧效果素材.jpg）。选择背景层，选取"图层"→"新建"→"通过拷贝的图层"或按【Ctrl＋J】键，复制背景层，将该层命名为图层 1。

步骤 2　将背景层填充白色，"图层"面板如图 7-4-2 所示。

步骤 3　将前景色设置为黑色，背景色为白色，新建图层 2，选择"滤镜"→"渲染"→"云彩"命令。图像效果如图 7-4-3 所示。

图 7-4-2　图层效果

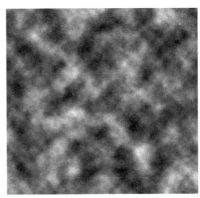

图 7-4-3　黑白滤镜云彩效果

步骤 4　在图层 2 上，选择"图像"→"调整"→"亮度/对比度"命令，设置如图 7-4-4 所示，增加亮度和对比度。

步骤 5　打开"通道"面板，在蓝色通道上单击鼠标右键，选择"复制通道"，得到"蓝 副本"通道。按【Ctrl＋M】键调出"曲线"对话框，调整曲线。参数如图 7-4-5 所示，单击【确定】按钮。

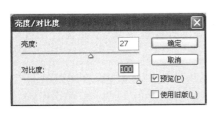

图 7-4-4　亮度/对比度调整

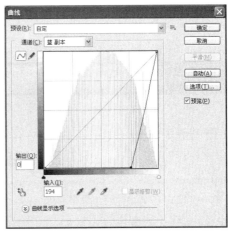

图 7-4-5　调整曲线的参数

步骤 6　鼠标左键按住"蓝 副本"通道，同时按【Ctrl】键建立选区。回到"图层"面板，选择"矩形选框工具"，同时按住【Alt】键，从当前选区中减去一部分选区（保留图像中间部分的较大选区即可）。

步骤 7 打开"路径"面板,单击下面右数第三个按钮 ,把选区存储为工作路径。

步骤 8 按【Ctrl】键同时单击工作路径缩略图,调出该选区。

步骤 9 回到"图层"面板,隐藏图层 2,选择图层 1,选择"选择"→"修改"→"扩展",将选区扩展 10 个像素,如图 7-4-6 所示,单击【确定】按钮。

步骤 10 再选择"选择"→"修改"→"羽化"命令,将选区羽化 10 个像素。

步骤 11 设置前景色为深棕色,RGB(94,52,2),按【Alt+Delete】键,用前景色填充当前选区,然后按【Ctrl+D】键,取消选区,效果如图 7-4-7 所示。

图 7-4-6 扩展选区

图 7-4-7 填充深棕色后的效果

步骤 12 在"路径"面板中,按【Ctrl】键同时鼠标单击工作路径缩略图,调出该选区,回到"图层"面板,选择图层 1,按【Delete】键,将该选区内容删除,即可得"烧纸"效果,见图 7-4-1。

相关知识

"渲染"滤镜组主要用来模拟光线照明效果,它可以模拟不同的光源效果。选择"滤镜"→"渲染"命令,将打开子菜单,其中包括云彩、光照效果等 5 种滤镜效果,下面将分别进行讲解。

(1)云彩

"云彩"滤镜可以在图像的前景色和背景色之间随机地抽取像素,再将图像转换为柔和的云彩效果,该滤镜无参数设置对话框,常用于创建图像的云彩效果。

(2)光照效果

"光照效果"滤镜的功能相当强大,其对话框中的设置参数也比较多,如图 7-4-8 所示。可以在其中设置光源的"样式"、"类型"、"强度"和"光泽"等,然后根据这些设定产生光照模拟三维光照效果,常用于装饰方面的效果图。

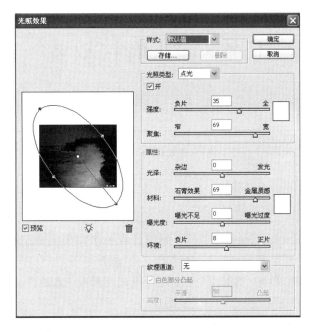

图 7-4-8　"光照效果"对话框

（3）分层云彩

"分层云彩"滤镜可以利用前景色和背景色的颜色在图像中添加一层云彩。与前面讲解的"云彩"滤镜不同，"分层云彩"滤镜生成的云彩并未完全覆盖原图像，而"云彩"滤镜生成的云彩完全覆盖了原图像。

（4）纤维

"纤维"滤镜是 Photoshop CS5 新增的一个滤镜，它可以根据当前的前景色和背景色来生成类似纤维的纹理效果。

（5）镜头光晕

"镜头光晕"滤镜能产生类似强光照射在镜头上所产生的光照效果，还可以人工调节光照的位置、强度和范围等。其效果如图 7-4-9 所示。

图 7-4-9　"镜头光晕"效果

任务 5　"火焰字"效果

微课25

"火焰字"效果

任务目标：

进一步熟练掌握滤镜中"风""液化""高斯模糊"等的操作。

任务说明：

本例将制作一款熊熊燃烧的火焰字。在制作过程中主要用到"横排文字工具"、盖印可见图层、"编辑"→"变换"→"旋转 90 度（逆时针）"、"风"滤镜、"编辑"→"变换"→"旋转 90 度（顺时针）"、"高斯模糊"滤镜、色相/饱和度、图层混合模式、"液化"滤镜、"涂抹工具"、"线性渐变"等功能。效果如图 7-5-1 所示。

图 7-5-1　火焰字最终效果

完成过程

步骤 1　创建一个 6 cm×4 cm 的文档，分辨率设为 300 像素/英寸。采用黑色作为背景色，颜色模式为 RGB。

步骤 2　单击工具箱中的"横排文字工具"，在图像上输入文字"FIRE"，颜色为白色。这里使用的是"Baskerville Old Face"字体，"字号"为 36 点，如图 7-5-2 所示。读者也可以选择自己喜欢的字体。

步骤 3　在文字层上新建图层 1，然后按住【Alt】键，在"图层"下拉菜单中单击"合并可见图层"命令。可以看到，新图层的内容包含了下面两层的内容，如图 7-5-3 所示。这样既方便编辑，又保护了原图层不被破坏。

当需要对多层进行编辑而又不想合并图层时，"盖印可见图层"是个很好的办法，其快捷键是【Shift＋Ctrl＋Alt＋E】。

图 7-5-2　创建文档及文字

图 7-5-3　应用"盖印可见图层"命令

步骤 4　将图层 1 设置为当前图层,选择"编辑"→"变换"→"旋转 90 度(逆时针)"命令,将该图层逆时针旋转 90 度。然后选择"滤镜"→"风格化"→"风"命令,按默认值连续执行三次。效果如图 7-5-4 所示。

步骤 5　将图层 1 顺时针旋转 90 度,回到原来的位置,执行"滤镜"→"模糊"→"高斯模糊"命令进行柔和处理,半径设为 4.5 像素。效果如图 7-5-5 所示。

图 7-5-4　执行三次"滤镜"→"风格化"→"风"命令

图 7-5-5　执行"滤镜"→"模糊"→"高斯模糊"命令

步骤 6　接着打开"图像"→"调整"→"色相/饱和度"对话框准备为图层 1 着色,先勾选"着色"复选框,并设置"色相"为 40,"饱和度"为 100,如图 7-5-6 所示。这一层变为橘黄色,效果如图 7-5-7 所示。

图 7-5-6　"色相/饱和度"对话框

图 7-5-7　着色后的图层 1

步骤 7　复制图层 1,产生图层 1 副本,对图层 1 副本继续执行"色相/饱和度"命令,先勾选"着色"复选框,将"色相"改为 360,其他不变。这一层变为红色,效果如图 7-5-8 所示。

步骤 8　将图层 1 副本的图层混合模式设置为"颜色减淡",如图 7-5-9 所示。火焰的颜色就出来了,效果如图 7-5-10 所示。

图 7-5-8　着色后的图层 1 副本　　　　　　7-5-9　设置图层的混合模式

步骤 9　把图层 1 副本和图层 1 合并,组成新的图层 1 副本。这时利用"液化"滤镜来描绘火焰的形状。将"画笔大小"设为 50,"压力"设为 40,用"向前变形工具"在图像中描绘出主要的火苗,效果如图 7-5-11 所示。

图 7-5-10　应用"颜色减淡"　　　　　　　　图 7-5-11　应用"液化"滤镜

步骤 10　接下来进一步对火焰进行完善。选择"涂抹工具",选择中号的柔性笔刷,将"强度"设为 60%,在火焰上轻轻涂抹,可不断改变笔头大小和压力,以使火焰效果更加真实。做好这一步的关键在于耐心和细致,全靠手控鼠标,没有捷径可循。效果如图 7-5-12 所示。

步骤 11　设置"Fire"文字图层为当前层,按住【Ctrl】键的同时单击该层缩略图即建立"Fire"图层选区,保持选区选中状态。在图层 1 副本上层建立一个新图层,设置前景色为黑色,选择"渐变工具",设置渐变类型为"前景到透明"的线性渐变,在新图层中建立渐变,渐变顺序为从文字底部到顶部。如图 7-5-13 所示。

图 7-5-12　应用"涂抹工具"　　　　　　　　图 7-5-13　为"FIRE"选取填充渐变

步骤 12　取消选区,最终效果见图 7-5-1,效果图见"附赠光盘教学模块 7/素材/火焰字范例.jpg"。

相关知识

1 "液化"滤镜

"液化"滤镜可用于对图像进行各种各样的类似液化效果的扭曲变形操作,例如,推、拉、旋转、反射、折叠和膨胀等。还可以定义扭曲的范围和强度,可以是轻微的变形也可以是非常夸张的变形效果。还可以将调整好的变形效果存储起来或载入以前存储的变形效果。因而,"液化"滤镜成为我们在 Photoshop 中修饰图像和创建艺术效果的强大工具。

可以将"液化"对话框分为三部分,左侧是工具箱,中间是预览图像,右侧是各种选项的设定。

(1)工具箱

左侧的工具箱提供了多种变形工具。可以在"液化"对话框的右侧选择不同的画笔大小,所有的变形都集中在画笔区域的中心,如果一直按住鼠标或在一个区域多次绘制,可强化变形效果。工具箱中各工具功能如下:

①向前变形工具 :在拖移时向前推像素。

②重建工具 :对变形进行全部或局部的恢复。

③顺时针旋转扭曲工具 :在按住鼠标左键或拖移时可顺时针旋转像素。要逆时针旋转扭曲像素,请在按住鼠标或拖移时按住【Alt】键。

④褶皱工具 :在按住鼠标或拖移时使像素朝着画笔区域的中心移动,起到收缩图像的作用。

⑤膨胀工具 :在按住鼠标或拖移时使像素朝着离开画笔区域中心的方向移动。

⑥左推工具 :当垂直向上拖移该工具时,像素向左移动(如果向下拖移,像素会向右移动)。也可以围绕对象顺时针拖移以增加其大小,或逆时针拖移以减小其大小。要在垂直向上拖移时向右移动像素(或者要在向下拖移时向左移动像素),请在拖移时按住【Alt】键。

⑦镜像工具 :将像素拷贝到画笔区域。拖移以反射与描边方向垂直的区域(描边以左的区域)。按住【Alt】键拖移在与描边相反的方向上反射区域(例如,向下描边反射上方的区域)。通常,在冻结了要反射的区域后,按住【Alt】键并拖移可产生更好的效果。使用重叠描边可创建类似于水中倒影的效果。

⑧湍流工具 :平滑地混杂像素。它可用于创建火焰、云彩、波浪及类似的效果。

⑨冻结蒙版工具 :像画笔工具那样在预览图像上绘制可保护区域以免被进一步编辑。

⑩解冻蒙版工具 :在被冻结区域上拖曳鼠标就可将冻结区域解冻。

(2)设定工具选项

在使用工具前,需要在"液化"对话框右侧的工具状态栏中对画笔大小和画笔压力进行以下选项的设置:

①画笔大小:设置将用来扭曲图像的画笔的宽度。

②画笔密度：控制画笔如何在边缘羽化。产生的效果是：画笔的中心最强，边缘处最弱。

③画笔压力：设置在预览图像中拖移工具时的扭曲速度。使用低画笔压力可减慢更改速度，因此更易于在恰到好处时停止。

④画笔速率：设置工具（例如旋转扭曲工具）在预览图像中保持静止时扭曲所应用的速度。设置的值越大，应用扭曲的速度就越快。

⑤湍流抖动：控制湍流工具对像素混杂的紧密程度。

⑥重建模式：用于重建工具，选取的模式确定该工具如何重建预览图像的区域。

⑦光笔压力：使用光笔绘图板中的压力读数（只有在使用光笔绘图板时，此选项才可用）。选中"光笔压力"后，工具的画笔压力为光笔压力与画笔压力值的乘积。

可以选择当前图层的一部分进行变形。使用工具箱中的任何一种选区工具创建一个任意形状的选区，然后选择"滤镜"→"液化"命令，"液化"对话框中会显示一个方形的图像，但选区以外的区域会被红色的蒙版保护起来，相当于被冻结的区域，但不能用"液化"对话框中的解冻工具对其进行解冻的操作。如果选中的是一个文字图层或形状图层，必须首先将它们进行栅格化处理才可以选取操作。

可以隐藏或显示冻结区域的蒙版、更改蒙版颜色，也可以使用"画笔压力"选项来设定图像的部分冻结或全部解冻。

（3）蒙版选项

在操作的过程中，如果有些图像区域不想修改，可使用工具或 Alpha 通道将这些区域冻结起来，也就是保护起来。被冻结的区域可以解冻后再进行修改。如果在使用"液化"命令之前选择了选区，则出现在预览图像中的所有未选中的区域都已冻结，无法在"液化"对话框中进行修改。

（4）重建选项

预览图像变形扭曲后，可以利用一系列的重建模式将这些变形恢复到原始的图像状态，然后再用新的方式重新进行变形操作。重建模式包括：恢复、刚性、生硬、平滑、松散。具体方法是：

①在"重建选项"模式列表中选择"恢复"命令，然后用"重建工具" 在区域上单击或拖曳鼠标即可恢复到原始状态。

②在模式列表中选择"恢复"命令，单击【重建】按钮也可将全部被冻结区域恢复到打开时的状态。

③单击重建选项栏中的【恢复全部】按钮，可将预览图像恢复到原始状态。

② "风格化"滤镜组

"风格化"滤镜组可以使图像像素通过位移、置换、拼贴等操作，从而产生图像错位和风吹效果。选择"滤镜"→"风格化"命令，将弹出子菜单，包括凸出、扩散和拼贴等9个滤镜命令，下面将分别进行讲解。

（1）凸出

"凸出"滤镜将可以将图像分成数量不等但大小相同并有机叠放的立体方块，用来制作图像的扭曲或三维背景。

（2）扩散

"扩散"滤镜可以使图像看起来像透过磨砂玻璃一样的模糊效果。

（3）拼贴

"拼贴"滤镜可以根据对话框中设定的值将图像分成许多小贴块，看上去好像整幅图像是画在方块瓷砖上一样。

（4）曝光过度

"曝光过度"滤镜可以使图像产生正片和负片混合，类似于摄影中增加光线强度产生的过渡曝光效果。该滤镜无参数对话框。

（5）查找边缘

"查找边缘"滤镜可以查找图像中主色块颜色变化的区域，并将查找到的边缘轮廓描边，使图像看起来像用笔刷勾勒的轮廓一样。该滤镜无参数对话框。

（6）浮雕效果

"浮雕效果"滤镜可以将图像中颜色较亮的图像分离出其他的颜色，将周围的颜色降低生成浮雕效果。

（7）照亮边缘

"照亮边缘"滤镜可以将图像边缘轮廓照亮，其效果与查找边缘滤镜很相似。

（8）等高线

"等高线"滤镜可以沿图像的亮部区域和暗部区域的边界绘制颜色比较浅的线条效果。

（9）风

"风"滤镜一般用于文字的效果比较明显，它可以将图像的边缘以一个方向为准向外移动远近不同的距离，类似风吹的效果。

❸ "模糊"滤镜组

"模糊"滤镜组主要通过削弱相邻间像素的对比度，使相邻像素间过渡平滑，从而产生边缘柔和及模糊的效果。选择"滤镜"→"模糊"命令，将打开"模糊"子菜单，其中包括 8 种滤镜效果，下面对其中较常用的 5 种进行讲解。

（1）动感模糊

"动感模糊"滤镜可以将静态的图像产生运动的动态效果，它实质上是通过对某一方向上的像素进行线性位移来产生运动模糊效果，如图 7-5-14 所示。常用于制作奔驰的汽车和奔跑的人物等图像。

（2）径向模糊

"径向模糊"滤镜用于产生旋转或发散模糊效果，如图 7-5-15 所示。

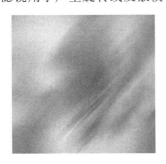 

图 7-5-14　"动感模糊"滤镜效果　　图 7-5-15　"径向模糊"滤镜效果

（3）特殊模糊

"特殊模糊"滤镜通过找出图像的边缘以及模糊边缘内的区域，产生一种清晰边界的模糊

效果。

（4）高斯模糊

"高斯模糊"滤镜可以将图像以高斯曲线的形式对图像进行选择性地模糊,产生浓厚的模糊效果,可以将图像从清晰逐渐模糊。在前面已经列举了其操作方法,其中的"半径"文本框用来调节图像的模糊程度,值越大,图像的模糊效果越明显。

（5）镜头模糊

"镜头模糊"滤镜是 Photoshop CS5 常用的滤镜之一,它可以模仿镜头的方式对图像进行模糊。

任务 6　"金属字"效果

任务目标:

1. 进一步熟练掌握滤镜中"渲染""模糊"等的操作。
2. 进一步熟悉通道的应用。

微课26

"金属字"效果

任务说明:

本例将制作一款逼真立体的金属字,在制作过程中主要用到"通道""滤镜"→"模糊"→"高斯模糊""滤镜"→"渲染"→"光照效果""图像"→"调整"→"曲线""图像"→"调整"→"色彩平衡"等功能。效果如图 7-6-1 所示。

图 7-6-1　金属字最终效果

 完成过程

步骤 1　创建一个 6cm×4cm 的文档,分辨率设为 300 像素/英寸。采用白色作为背景色,颜色模式为 RGB。

步骤 2　选择"文件"→"打开"命令,打开素材文档中的图像文档"金属字背景.jpg"(附赠光盘教学模块 7/素材/金属字背景.jpg),如图 7-6-2 所示。然后选择"移动工具"将该背景移至新建的文档中。

步骤 3 单击工具箱中的"横排文字工具",在图像上输入"金属"文字,颜色为浅灰色 RGB(202,202,202)。这里使用的字体是"华文隶书",读者也可以选择自己喜欢的字体(字体粗壮效果较好),字体大小可以酌情设置。效果如图 7-6-3 所示。

图 7-6-2 金属字背景

图 7-6-3 输入"金属"文字

步骤 4 按住【Ctrl】键单击文字图层得到文字选区,保持选区状态进入"通道"面板,单击"通道"面板下的第二个按钮创建一个 Alpha1 通道。如图 7-6-4 所示。

步骤 5 设 Alpha1 通道为当前通道,文字处于选区状态,如图 7-6-5 所示。取消选区,对 Alpha1 通道使用半径为 5.0 的"高斯模糊"滤镜,效果如图 7-6-6 所示。

图 7-6-4 创建 Alpha1 通道

图 7-6-5 Alpha1 通道为当前通道

图 7-6-6 应用"高斯模糊"滤镜

步骤 6 回到文字图层,先选择"图层"→"栅格化"→"文字"命令,再对其进行"滤镜"→"渲染"→"光照效果"操作,具体设置如图 7-6-7 所示,效果如图 7-6-8 所示。

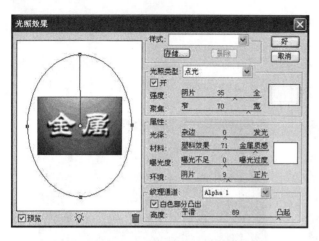

图 7-6-7　"光照效果"设置

图 7-6-8　应用"光照效果"

　　步骤 7　执行"图像"→"调整"→"曲线"命令,打开"曲线"对话框,调整曲线,增加文字的变化、反差。具体设置如图 7-6-9 所示,效果如图 7-6-10 所示。

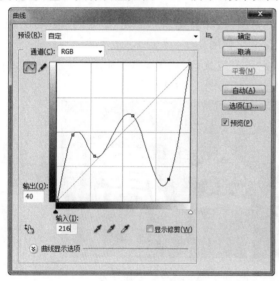

图 7-6-9　"曲线"设置

图 7-6-10　应用"曲线"后的效果

　　步骤 8　最后,用"图像"→"调整"→"色彩平衡"命令为文字着色,具体设置如图 7-6-11 所示,得到完成效果如图 7-6-12 所示。

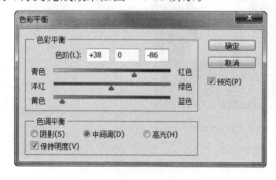

图 7-6-11　"色彩平衡"设置

图 7-6-12　完成效果

步骤 9　此时,还可用"裁切工具"对画面进行适当裁切,使构图进一步完善,见图 7-6-1,效果图见"附赠光盘教学模块 7/素材/金属字效果.jpg"。

任务 7　"光盘"效果

任务目标:

微课27

1.掌握使用剪贴蒙版(图层剪贴组)制作蒙版效果。
2.认识剪贴蒙版与图层蒙版和通道的区别。

光盘效果

任务说明:

　　本例将制作光盘效果,在制作过程中主要用到"图层剪贴组"来实现。效果如图 7-7-1 所示。

图 7-7-1　光盘最终效果

完成过程

　　步骤 1　创建一个 6 cm×6 cm 的文档,分辨率设为 300 像素/英寸。采用白色作为背景色,颜色模式为 RGB。
　　步骤 2　用【Ctrl+R】键将标尺打开,拖出水平和垂直两条辅助线,其交叉点为光盘的中心。
　　步骤 3　在"图层"面板中单击"创建新图层"按钮建一个新图层"图层 1"。

步骤 4 在工具箱中选择"椭圆选框工具",以交叉点为起始点按下鼠标左键,同时按【Shift＋Alt】键拖动鼠标,画出光盘外边缘选区。

步骤 5 在工具属性栏中选中【从选区减去】按钮,然后以交叉点为起始点单击鼠标左键,同时按住【Shift＋Alt】键拖动鼠标左键,画出光盘内边缘。效果如图 7-7-2 所示。

步骤 6 选中图层 1,按【Alt＋Delete】键将选区填充为前景色,例如前景色为黑色,如图 7-7-3 所示。

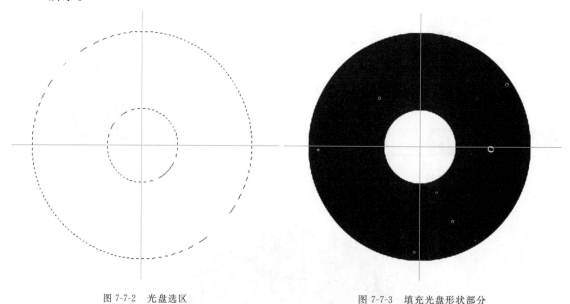

图 7-7-2 光盘选区   图 7-7-3 填充光盘形状部分

步骤 7 选择"文件"→"打开"命令,打开"光盘素材.png"(附赠光盘教学模块 7/素材/光盘素材.png),用"移动工具"将其移动到光盘图像中。按【Ctrl＋T】键变换其大小,调整到合适位置。图层效果如图 7-7-4 所示。

步骤 8 选择"图层"→"创建剪贴蒙版"命令,可以看到图像效果如图 7-7-5 所示,图层效果如图 7-7-6 所示。

图 7-7-4 光盘素材图层效果   图 7-7-5 图像效果

步骤 9 在"图层"面板中将图层 2 激活,然后单击【创建新图层】按钮新建"图层 3"。

步骤 10　在工具箱中选择"椭圆选框工具",再次以交叉点为起始点单击鼠标左键,同时按住【Shift＋Alt】键拖动鼠标,画出一个比光盘内边缘小一些选区,然后选择"编辑"→"描边"命令,在弹出的对话框中将描边"宽度"设为 2 像素,颜色设为 RGB(127,127,127)。

步骤 11　(方法同上)以交叉点为起始点单击鼠标左键,同时按住【Shift＋Alt】键拖动鼠标,画出一个比光盘外边缘略大一些的选区,然后选择"编辑"→"描边",在弹出的对话框中将描边"宽度"设为 2 像素,颜色设为 RGB(127,127,127)。效果如图 7-7-7 所示。

图 7-7-6　创建剪贴蒙版图层效果

图 7-7-7　描边后的效果

步骤 12　在"图层"面板中,将图层 1 激活,单击【添加图层样式】按钮,在弹出菜单中选择"投影",在对话框中将"距离"设置为 10,将不透明度设置为 50%,为光盘设置投影。效果如图 7-7-8 所示。

图 7-7-8　投影效果

步骤 13　(方法同上)在"图层"面板中,将图层 3 激活,单击【添加图层样式】按钮,在弹出菜单中选择"投影",在对话框中将"距离"设置为 10,将不透明度设置为 50%,为光盘设置投影。最终效果见图 7-7-1。

相关知识

1 剪贴蒙版

剪贴蒙版中只能包含连续图层,是利用底部或基底图层的透明像素覆盖它上面的图层的内容。首先需要建立图层剪贴组,最下面的图层(或基底图层)充当整个组的蒙版。剪贴组中的基底图层名称带下划线,上层图层的缩略图是缩进的。另外,上层图层显示剪贴组图标🖛。"图层样式"对话框中的"将剪贴图层混合成组"选项可确定基底图层的混合模式是影响整个组,还是只影响基底图层。

(1)创建剪贴组

按住【Alt】键,将指针放在图层面板上分隔两个图层的线上(指针变成两个交叠的圆🔾),然后单击鼠标左键。给剪贴组分配的是组中最底层图层的不透明度和模式属性。

(2)取消编组剪贴组中的所有图层

方法一:

①在"图层"面板中,选择剪贴组中的最底层图层。

②使用菜单"图层"→"取消编组"命令。

方法二:

按住【Alt】键,将指针放在图层面板上分隔两组图层的线上(指针会变成两个交叠的圆🔾),然后单击鼠标左键。

剪贴蒙版是通过剪贴图层组中,最底层中具有透明像素的区域来实现蒙版的效果,它的上方可以有一个或多个图层受影响。

2 剪贴蒙版与图层蒙版、通道蒙版的区别

(1)剪贴蒙版是几个图层通过图层剪贴组实现的蒙版效果,只在该组中起作用。

(2)图层蒙版是在某一层上建立的蒙版,其作用范围为该层。

(3)通道蒙版是在"通道"面板中建立的蒙版,可以转换为选区,在任何图层中使用。

其中图层蒙版和通道蒙版可以使用编辑工具进行编辑,可以使用"图像"→"调整"菜单下的命令对蒙版进行调整,得到所需要的选区。

 经验指导

1 蒙版

(1)蒙版的概念

Photoshop 蒙版是将不同灰度色值转化为不同的透明度,并作用到它所在的图层,使图层不同部位透明度产生相应的变化。黑色为完全透明,白色为完全不透明。

(2)蒙版的优点

①修改方便,不会因为使用橡皮擦或剪切删除而造成不可挽回的遗憾;

②可运用不同滤镜,以产生一些意想不到的特效;

③任何一张灰度图都可用来作为蒙版。

(3)蒙版的主要作用

①抠图;

②做图的边缘淡化效果;

③图层间的融合。

在使用 Photoshop 等软件进行图形处理时,常常需要保护一部分图像,以使它们不受各种处理操作的影响,蒙版就可以实现这样的功能。它是一种灰度图像,其作用就像一块布,可以遮盖住处理区域中的一部分,当我们对处理区域内的整个图像进行模糊、上色等操作时,被蒙版遮盖起来的部分就不会被改变。

当蒙版的灰度色深增加时,被覆盖的区域会变得愈加透明,利用这一特性,可以用蒙版改变图片中不同位置的透明度,甚至可以代替"橡皮擦工具"在蒙版上擦除图像,而不影响到图像本身。

总结制作蒙版的方法有以下几种:

①先制作选区,然后选择"选择"→"存储选区"命令,或直接单击"通道"面板中的【将选区存储为通道】按钮;

②利用"通道"面板,首先创建一个 Alpha 通道,然后用绘图工具或其他编辑工具在该通道上编辑,以产生一个蒙版;

③制作图层蒙版;

④利用工具箱中的快速蒙版显示模式工具产生一个快速蒙版;

⑤制作图层剪贴组实现蒙版效果。

2 通道

(1)Photoshop 通道分类

①Alpha 通道

Alpha 通道是计算机图形学中的术语,指的是定义的通道。Alpha 通道是为保存选择区域而专门设计的通道,在生成一个图像文件时并不是必须产生 Alpha 通道的。通常它是由人们在图像处理过程中人为生成,并从中读取选择区域信息的。因此在输出制版时,Alpha 通道会因为与最终生成的图像无关而被删除。但也有时,比如在三维软件最终渲染输出的时候,会附带生成一张 Alpha 通道,用以在平面处理软件中做后期合成。

通道应用(1)

除了 Photoshop 的文件格式 PSD 外,GIF 与 TIFF 格式的文件都可以保存 Alpha 通道。而 GIF 文件还可以用 Alpha 通道作为图像去做背景处理,因此我们可以利用 GIF 文件的这一特性制作任意形状的图形。

通道应用(2)

②颜色通道

一个图片被建立或者打开以后是自动创建颜色通道的。当在 Photoshop 中编辑图像时,实际上就是在编辑颜色通道。这些通道把图像分解成一个或多个色彩成分,图像的模式决定了颜色通道的数量,RGB 模式有 R、G、B 三个颜色通道,CMYK 图像有 C、M、Y、K 四个颜色通道,灰度图只有一个颜色通道,它们包含了所有将被打印或显示的颜色。当查看单个通道的图像时,图像窗口中显示的是没有颜色的灰度图像,通过编辑灰度级的图像,可以更好地掌握各个通道原色的亮度变化。

通道应用(3)

③复合通道

复合通道是由蒙版概念衍生而来,用于控制两张图像叠加关系的一种简化应用。复合通道不包含任何信息,实际上它只是同时预览并编辑所有颜色通道的一个快捷方式。它通常被用来在单独编辑完一个或多个颜色通道后使"通道"面板返回到它的默认状态。对于不同模式的图像,其通道的数量是不一样的。在 Photoshop 中通道涉及三个模式:RGB、CMYK、Lab 模式。对于 RGB 图像含有 RGB、R、G、B 通道;对于 CMYK 图像含有 CMYK、C、M、Y、K 通道;对于 Lab 图像则含有 Lab、L、a、b 通道。

④专色通道

专色通道是一种特殊的颜色通道,它可以使用除了青色、洋红、黄色、黑色以外的颜色来绘制图像。在印刷中为了让自己的印刷作品与众不同,往往要做一些特殊处理。如增加荧光油墨或夜光油墨、套版印制无色系(如烫金)等,这些特殊颜色的油墨(专色)都无法用三原色油墨混合而成,这时就要用到专色通道与专色印刷了。

在图像处理软件中,都存有完备的专色油墨列表。我们只需选择需要的专色油墨,就会生成与其相应的专色通道。但在处理时,专色通道与原色通道恰好相反,用黑色代表选取(即喷绘油墨),用白色代表不选取(不喷绘油墨)。由于大多数专色无法在显示器上呈现效果,所以其制作过程也带有相当大的经验成分。

⑤矢量通道

为了减小数据量,人们将逐点描绘的数字图像再一次解析,运用复杂的计算方法将其上的点、线、面与颜色信息转化为简洁的数学公式,这种公式化的图形被称为"矢量图形",而公式化的通道,则被称为"矢量通道"。矢量图形虽然能够成百上千倍地压缩图像信息量,但其计算方法过于复杂,转化效果也往往不尽人意。因此它只有在表现轮廓简洁、色块鲜明的几何图形时才有用武之地,而在处理真实效果(如照片)时则很少用。Photoshop 中的"路径",3D 中的几种预置贴图,Illustrator、Flash 等矢量绘图软件中的蒙版,都是属于这一类型的通道。

(2)Photoshop 通道功能

在学习 Photoshop 中,了解和掌握"通道"才是图像处理中最重要的部分,通道的应用是从入门到精通的必经之路,下面就是针对通道的一个简要概括。

①通道的定义

可以说通道就是选区。在通道中,以白色代替透明表示要处理的部分(选择区域),以黑色表示不需处理的部分(非选择区域)。因此,通道没有其独立的意义,而只有依附于其他图像存在时,才能体现其功用。通道可以完全由计算机来进行处理,也就是说,它是完全数字化的。

②通道的功能

●可建立精确的选区。运用蒙版和选区或滤镜功能可建立毛发白色区域代表选择区域的部分。

●可以存储选区和载入选区备用。

●可以制作其他软件(比如 Illustrator、Pagemaker)需要导入的透明背景图片。

●可以看到精确的图像颜色信息,有利于调整图像颜色。利用 Info 面板可以体会到这一点,不同的通道可以用 256 级灰度来表示不同的亮度。

●印刷出版方便传输、制版。CMYK 色彩的图像文件可以把其四个通道拆开分别保存成四个黑白文件。而后同时打开它们,按 CMYK 的顺序再放到通道中就又可恢复成 CMYK 色彩的原文件了。

③Photoshop 通道的工具操作

单纯的通道操作是不可能对图像本身产生任何效果的,必须同其他工具结合,如蒙版工具、选区工具和绘图工具(其中蒙版是最重要的),当然要想做出一些特殊效果就需要配合滤镜特效、图像调整颜色来一起操作。各种情况比较复杂,需要根据目的的不同做相应处理。

●利用选区工具

Photoshop 中的选区工具包括选框工具、套索工具、魔术棒、文字工具以及由路径转换选区等,利用这些工具在通道中进行编辑等同于对一个图像的操作。

●利用绘图工具

绘图工具包括画笔、铅笔、图章、橡皮擦、渐变、油漆桶、模糊、锐化和涂抹、加深、减淡和海绵等工具。利用绘图工具编辑通道的一个优势在于可以精确地控制笔触,从而得到更为柔和并足够复杂的边缘。这里要提一下的是渐变工具,因为这个工具特别容易被人忽视,但对于通道而言特别有用。用渐变工具一次可以涂画多种颜色而且包含平滑过渡的绘画工具,针对通道而言,即带来了平滑细腻的渐变。

●利用图像调整工具

调整工具包括色阶和曲线调整。当选中希望调整的通道时,按住【Shift】键,再单击另一个通道,最后打开图像中的复合通道,这样就可以强制这些工具同时作用于一个通道。对于编辑通道来说是有用的,但实际上并不常用,因为可以建立调整图层而不必破坏最原始的信息。

●利用滤镜特性

在通道中进行滤镜操作,通常是在包含不同灰度的情况下。而运用滤镜的原因,通常是为了追求一种出乎意料的效果或者只是为了控制边缘。原则上讲,可以在通道中运用任何一个滤镜去试验,一般情况下,在运用滤镜操作通道时,通常有着较为明确的愿望,比如锐化或者虚化边缘,从而建立更适合的选区。

3 滤镜分类

Photoshop 滤镜分为两类:一种是内部滤镜,即安装 Photoshop 时自带的滤镜;另外一种是外挂滤镜,需要进行安装后才能使用。

(1)内部滤镜

Photoshop CS5 一共提供了 14 种类型的内部滤镜,通过选择滤镜菜单就可以使用它们。下面分别对它们进行介绍。

①"像素化"滤镜组

"像素化"滤镜组中的滤镜通过平均分配色度值,使单元格中颜色值相近的像素结成块来清晰地定义一个选区,从而使图像产生晶格状、碎片等效果。"像素化"滤镜组包括彩块化、彩色半调、晶格化、点状化、碎片、铜版雕刻和马赛克 7 种滤镜。

②"扭曲"滤镜组

"扭曲"滤镜组可以使图像产生各种几何变形,较好地模拟三维效果。"扭曲"滤镜组包括切变、扩散亮光、挤压、旋转扭曲、极坐标、水波、波浪、波纹、海洋波纹、玻璃、球面化和置换 12 种滤镜。

③"杂色"滤镜组

"杂色"滤镜组很大程度上用于修正并完善图像显示效果,它们可以在图像上添加或删除杂色或是带有随机分布的像素,从而使图像变得柔和或者模糊过于锐化的图像效果。"杂色"滤镜组包括中间值、去斑、添加杂色和蒙尘与划痕 4 种校正性滤镜。

④"模糊"滤镜组

"模糊"滤镜组可以使图像中已经定义的线条像素软化并混合,从而使图像产生平滑的效果。使用"模糊"滤镜组提供的滤镜除了能够修饰图像的不足,还可以给图像增加具有速度感的运动效果。"模糊"滤镜组包括动感模糊、平均、径向模糊、模糊、特殊模糊、进一步模糊、镜头模糊和高斯模糊 8 种滤镜。

⑤"渲染"滤镜组

"渲染"滤镜组给创建真实三维效果提供更为广阔的空间,可以使用这些滤镜创建 3D 形状、云彩图案、折射图案以及模拟光反射效果。"渲染"滤镜组包括云彩、光照效果、分层云彩、纤维和镜头光晕 5 种滤镜。

⑥"画笔描边"滤镜组

"画笔描边"滤镜组通过使用不同的画笔和油墨描边效果创造出自然绘画的外观。"画笔描边"滤镜组包括喷溅、喷色描边、墨水轮廓、强化的边缘、成角的线条、深色线条、烟灰墨和阴影线 8 种滤镜。

⑦"素描"滤镜组

"素描"滤镜组中的滤镜可以把预设的纹理添加到图像上,从而使图像具有立体的三维效果。而且,使用这些滤镜还能创建逼真的手绘艺术效果。"素描"滤镜组包括便条纸、半调图案、图章、基底凸现、塑料效果、影印、撕边、水彩画纸、炭笔、炭精笔、粉笔和炭笔、绘图笔、网状和铬黄 14 种效果各异的滤镜。

⑧"纹理"滤镜组

"纹理"滤镜组提供的滤镜主要用于给图像添加各式各样的纹理图案,它们所产生的效果与其名称一样。"纹理"滤镜组包括拼缀图、染色玻璃、纹理化、颗粒、马赛克拼贴和龟裂纹 6 种滤镜。

"拼缀图"滤镜将图像分解为用图像中该区域的主色调进行填充的正方形。

"染色玻璃"滤镜使用前景色将图像勾勒成单元格,产生一种蜂窝状效果。

"纹理化"滤镜可以在图像上添加预设的或者其他的纹理效果,使图像看上去像画在纹理上。

"颗粒"滤镜通过对图像随机添加不规则的颗粒,从而使图像获得一种纹理外观。

"马赛克拼贴"滤镜可以生成一种由不规则的小碎片拼贴而成的图像效果。

"龟裂纹"滤镜产生一种浮雕与裂纹相结合的立体效果,就好像把图像绘制在起伏不平的平面上。

⑨"艺术效果"滤镜组

"艺术效果"滤镜组模拟传统艺术效果,创建类似彩色铅笔绘画、蜡笔画、油画以及木刻作品的特殊效果,包括塑料包装、壁画、干画笔、底纹效果、彩色铅笔、木刻、水彩、海报边缘、海绵、涂抹棒、粗糙蜡笔、绘画涂抹、胶片颗粒、调色刀和霓虹灯光 15 种特效滤镜,它们被广泛用在创建精美的艺术品及商业项目的制作中。

⑩"视频"滤镜组

"视频"滤镜组主要针对预定用于电视的图像或从其他视频信号中捕获到的图像,它包括

NTSC 颜色和逐行 2 个滤镜。

"NTSC 颜色"滤镜可以把图像中的颜色转换成电视机可接收的颜色范围,以防止过度饱和的颜色渗到电视扫描行中,这是因为 NTSC 颜色制式的电视信号所能表现的色域范围比 RGB 颜色模式窄。

"逐行"滤镜通过移去视频图像中的奇数或偶数隔行线,使用复制或插值的方法填充扔掉的线条,以使在视频上捕捉的运动图像变得平滑。

⑪"锐化"滤镜组

"锐化"滤镜组与"模糊"滤镜组产生的效果恰恰相反,它能把模糊的图像转变成清晰锐利的图像。"锐化"滤镜组包括 USM 锐化、进一步锐化、锐化和锐化边缘 4 个滤镜。

"USM 锐化"滤镜是在图像中用于锐化边缘的传统胶片复合技术,它是专业色彩校正、照片重排及扫描时经常使用到的锐化滤镜。"USM 锐化"滤镜通过调整边缘细节的对比度,在图像边缘的每侧生成一条亮线和一条暗线。

"进一步锐化"滤镜比"锐化"滤镜产生更明显的锐化效果,就像对图像多次使用"锐化"滤镜,该滤镜没有对话框。

"锐化"滤镜通过增加相邻像素的对比度来聚焦模糊的图像,使之变清晰。"锐化"滤镜作用的效果不明显,如果需要进一步的控制,建议使用"USM 锐化"滤镜。

"锐化边缘"滤镜只对图像边缘进行锐化,但保持图像的整体平滑效果。

⑫"风格化"滤镜组

"风格化"滤镜组通过置换像素和通过查找并增加图像的颜色对比度,在选区中产生夸张的绘画或印象派效果。包括凸出、扩散、拼贴、曝光过度、查找边缘、浮雕效果、照亮边缘、等高线和风 9 个滤镜。

"凸出"滤镜通过把当前图像拼贴在一排排方砖或金字塔形体对象的表面上,从而使图像生成具有强烈立体感的三维效果。

"扩散"滤镜主要通过随机分布图像像素,使图像产生一种聚焦不清的模糊效果。在其对话框的"模式"选项组有 4 种模式可供选择。

"拼贴"滤镜可以将图像分割成设置的方块数目。

"曝光过度"滤镜没有设置对话框,它通过混合负片和正片图像,产生一种类似照片在显影过程中短暂曝光的图像效果。

"查找边缘"滤镜搜索颜色像素对比度变化强烈的边界,将高反差区域变成亮色,低反差区域变暗,其他区域则介于二者之间。通过加深图像所有的边缘,使图像轮廓线突出,它产生的效果就像在白色的背景上用黑色勾勒图像的轮廓线。

"浮雕效果"滤镜将选择区域内的大部分图像变成灰度图像,仅用原来图像颜色描绘轮廓,从而使图像显得凹凸不平。

"照亮边缘"滤镜结合了"查找边缘"滤镜和"反相"命令共同的效果,该滤镜标识图像颜色边缘,使图像产生霓虹灯般的闪亮效果。

"等高线"滤镜通过将图像中的主要亮度区域放置在每个颜色通道,淡淡地勾勒主要亮度区域的转换,将图像转变成类似等高线地图中的线条效果。

"风"滤镜的工作方式类似"动感模糊"滤镜,但它只影响选择区域的边缘,通过在图像中创

建细小的水平线条来模拟风的效果。

⑬"其他"滤镜组

"其他"滤镜组中的滤镜往往容易被忽略,其实它们也非常有用。它们可以让我们创建自己的滤镜,并使用滤镜修改蒙版,或者在图像中使选区发生位移并快速调整颜色。"其他"滤镜组包括位移、最大值、最小值、自定和高反差保留 5 种滤镜。

"位移"滤镜可以按照我们指定的水平和垂直数值移动像素,而图像或者选区原来的位置变成空白区域。"位移"滤镜除了能够精确设置图像的起始处之外,还提供了 3 种填充空白区域的办法。

"最大值"滤镜在创建和编辑蒙版时非常有用,它可以放大亮色区域,被加亮的区域边缘像素使暗色区域缩小,该滤镜对于消除扫描图像中的扫描线及改善图像质量效果很好。

"最小值"滤镜通过增加暗色区域的边缘像素来缩小亮色区域,与"最大值"滤镜一样,"最小值"滤镜也是针对选区中的单个像素,对于创建和编辑蒙版特别有用。

"自定"滤镜可以让我们建立一个像素网格,我们可以通过在"自定"对话框中输入数字来编辑自己的滤镜。

"高反差保留"滤镜在图像上有强烈颜色转变发生的地方,按照我们指定的半径值(0.1~250)保留边缘细节。该滤镜产生的效果恰恰与"高斯模糊"滤镜效果相反,它将图像中的低频细节移除。

⑭Digimarc 滤镜组

对于保护知识产权这一重大意义来讲,Digimarc 滤镜组可以将数字水印嵌入到图像中以储存版权信息。Digimarc 滤镜组包括嵌入水印和读取水印两种滤镜。

"嵌入水印"滤镜用于向图像添加水印,如果初次使用该滤镜,首先应向 Digimarc Corporation 注册,获得唯一的创作者 ID 号。在"嵌入水印"对话框中,可设置版权信息、图片属性及水印强度,设置好后单击【好】按钮,就可将水印嵌入图像中。

"读取水印"滤镜用于检查图像中是否带有水印,如果图像含有水印,可打开显示相关内容的对话框,其中包括作者姓名及准许用途。如果被检测图像不含水印,将会弹出"找不到水印"对话框,显示找不到水印信息。

(2)外挂滤镜及其安装

就是除上面讲述的滤镜以外,由第三方厂商为 Photoshop 所生产的滤镜,它们不仅种类齐全,品种繁多而且功能强大,同时版本与种类也在不断升级与更新。常用的有 KPT、Photo-Tools、Eye Candy、Xenofex、Ulead effects 等。

Photoshop 外挂滤镜基本都安装在其 Plug-Ins 目录下,安装时有几种不同的情况:

①有些外挂滤镜本身带有搜索 Photoshop 目录的功能,会把滤镜部分安装在 Photoshop 目录下,把启动部分安装在 Program Files 文件夹下。这种软件如果没有被注册过,每次启动计算机后都会弹出一个提示注册的对话框。

②有些外挂滤镜不具备自动搜索功能,所以必须手工选择安装路径,而且必须是在 Photoshop 的 Plug-Ins 目录下,这样才能成功安装,否则会弹出一个安装错误的对话框。

③还有些滤镜不需要安装,只要直接将其拷贝到 Plug-Ins 目录下就可以使用了。

所有的外挂滤镜安装完成后,不需要重启计算机,只要启动 Photoshop 就能使用了。打开 Photoshop 以后,它们会整齐地排列在滤镜菜单中。但也有例外,按上述情况①安装的滤镜会在 Photoshop 的菜单中自动生成一个菜单,而它的名字通常是这些滤镜的出品公司名称。

拓展训练

训练 7-1　　"裂缝文字"设计

任务要求：

利用文字工具、不规则选区等命令实现通道的编辑效果。

步骤指导：

（1）新建一个 200 像素×200 像素的文档。

（2）为图像新建一个通道，选择"横排文字工具"在新建的通道中输入"裂"文字后，单击该通道得到文字选区，如果文字线条比较细，可通过"选择"→"修改"→"扩展"菜单命令调整。

（3）在文字选区中填充白色，效果如图 7-7-9 所示。

（4）选择"套索工具"从当前的文字选区中减去一部分不规则区域。然后选择"移动工具"将选中区域移动适当距离，如图 7-7-10 所示。

（5）按住【Ctrl】键单击通道，得到文字选区，然后反选区域，用黑色填充，可去掉刚才移动区域所留下的白边。

（6）按住【Ctrl】键单击通道，得到文字选区，返回"图层"面板，新建一个图层，为文字选区填充颜色后结果如图 7-7-11 所示（附赠光盘素材/教学模块 7/拓展训练/裂缝文字.jpg）。

图 7-7-9　填充白色　　　　　　　　图 7-7-10　移动位置　　　　　　　　图 7-7-11　最终效果图

训练 7-2　　"点阵字"设计

任务要求：

利用"图层"→"栅格化"→"文字"、"滤镜"→"渲染"→"云彩"、"滤镜"→"像素化"→"彩色半调"、"图像"→"调整"→"反相"、"图像"→"调整"→"色相/饱和度"、"图层"→"图层样式"→"投影"等功能设计"点阵字"效果。

步骤指导：

（1）创建一个 8 cm×4 cm 的文档，分辨率设为 300 像素/英寸。采用白色作为背景色，颜色模式为 RGB。

（2）单击工具箱中的"横排文字工具"，在图像上输入文字"KONG"，颜色设为黑色。这里使用的是"Franklin Gothic Heavy"字体，字号为 60 点，如图 7-7-12 所示。也可以选择自己喜欢的字体（字体粗壮效果较好）。

（3）设置文字层为当前层，选择"图层"→"栅格化"→"文字"命令。然后按住【Ctrl】键单击文字图层得到文字选区，设置前景色为黑色，再执行"滤镜"→"渲染"→"云彩"命令，效果如图 7-7-13 所示。

图 7-7-12　输入文字

图 7-7-13　应用"滤镜"→"渲染"→"云彩"命令

（4）取消选区，执行"滤镜"→"像素化"→"彩色半调"命令，弹出"彩色半调"对话框，具体设置如图 7-7-14 所示，效果如图 7-7-15 所示。

图 7-7-14　"彩色半调"对话框

图 7-7-15　执行"滤镜"→"像素化"→"彩色半调"命令

（5）选择"图像"→"调整"→"色相/饱和度"命令，为图像着色，具体设置如图 7-7-16 所示，效果如图 7-7-17 所示。

图 7-7-16　"色相/饱和度"对话框

图 7-7-17　为图像着色

(6)选择"图层"→"图层样式"→"投影"命令,为图像添加投影。具体设置如图 7-7-18 所示,效果如图 7-7-19 所示。

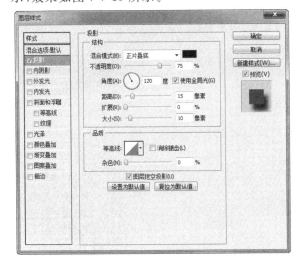

图 7-7-18　"图层"→"图层样式"→"投影"设置

图 7-7-19　为图像添加投影

(7)选择"图像"→"调整"→"反相"命令,效果如图 7-7-20 所示。

(8)在背景层和文字层之间建立新图层"图层 1",填充图层 1 为"KONG"上面的圆孔的颜色。效果如图 7-7-21 所示。

图 7-7-20　"反相"效果

图 7-7-21　填充底色

(9)合并文字层和图层 1,选择"图像"→"调整"→"反相"命令。效果如图 7-7-22 所示。大家也可根据自己的喜好使用"色相/饱和度"命令得出许多种颜色效果,图 7-7-23 即为用此命令调整后的一种效果。(附赠光盘教学模块 7/素材/拓展训练/点阵字范例.jpg)

图 7-7-22　完成效果 1

图 7-7-23　完成效果 2

模块 08

动画和Web页设计

微课

教学模块 8 前言

教学目标

　　本模块主要介绍 Photoshop CS5 中有关 Web 页图像设计的内容。通过本模块的学习,能够熟练掌握 Web 页设计的方式、方法。从切片应用到优化图像、动画制作,深入了解 Photoshop 在网页设计中的作用,并能够利用其强大的图形图像处理功能,制作出精美的网页模板及网页动画。

教学要求

知识要点	能力要求	关联知识
设计制作 Web 页中的导航栏	应用矢量绘图工具制作导航栏	矢量工具、形状图层、文字
切片工具的用法	熟练掌握切片使用方法、切片的编辑	切片工具、切片编辑工具
图像的优化设置	掌握图像的优化设置,存储 Web 格式	存储为 Web 和设备所用格式
动画效果的制作	利用"动画(帧)"面板,完成动画设计	动画(帧)面板、帧等

任务 1　设计制作 Web 页中的导航栏

任务目标：

微课28

利用 Photoshop 的图像处理功能制作精美的 Web 页导航栏。

任务说明：

设计制作 Web 页中的导航栏

本任务主要通过使用 Photoshop 图像处理，制作"花语"网站导航栏效果，如图 8-1-1 所示。

图 8-1-1　导航栏效果

完成过程

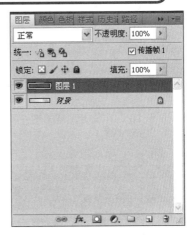

步骤 1　选择"文件"→"打开"命令打开素材文档中的图像文档"导航栏背景.jpg"（附赠光盘教学模块 8/素材/导航栏背景.jpg）。

步骤 2　新建图层 1，按【Ctrl＋A】键全选。单击前景色标，打开拾色器，设置前景色为 RGB(32,157,38)，按【Alt＋Delete】键，为该图层填充颜色。图层效果如图 8-1-2 所示。

步骤 3　在工具箱中单击"矩形选框工具"，在工具属性栏中设置羽化为 9 px 羽化:9 px，在图层 1 中做矩形选区，效果如图 8-1-3 所示。

图 8-1-2　图层 1 图层效果

图 8-1-3　做矩形选区效果

步骤 4　按【Delete】键后效果如图 8-1-4 所示。

图 8-1-4　删除后的效果

步骤 5　按【Ctrl＋D】键，取消选区。

步骤 6　选择"文件"→"打开"命令打开素材文档中的图像文档"logo.png"（附赠光盘教学模块 8/素材/logo.png）。

步骤 7　在该文档的"图层"面板中选择 logo 图层，鼠标右击该图层，在弹出的菜单中选择"复制图层"，弹出"复制图层"对话框。在目标文档中选择打开状态的文档"导航栏背景.jpg"，单击【确定】按钮。如图 8-1-5 所示。

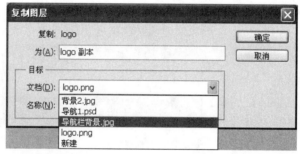

图 8-1-5　复制导航栏背景图层

步骤 8　在 Photoshop 中的文档标签栏单击"导航栏背景.jpg"，切换到该图像，可以看到 logo 图层，出现在该图像的"图层"面板中。调整 logo 图层图像的位置，如图 8-1-6 所示。

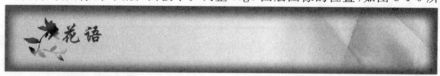

图 8-1-6　调整 logo 位置

步骤 9　在该文档"图层"面板中单击"创建新组"按钮 创建新组，为该组命名为"导航按钮"，如图 8-1-7 所示。

步骤 10　在该组中新建图层，命名为"按钮背景"。如图 8-1-8 所示。

图 8-1-7　创建"导航按钮"组　　　　图 8-1-8　创建"按钮背景"层

步骤 11　在工具箱中单击"圆角矩形工具" ，在工具属性栏中单击"填充像素"按钮 。单击前景色标，打开拾色器，设置前景色为 RGB(32,157,38)，在"按钮背景"层中绘制一个圆角矩形。效果如图 8-1-9 所示。

图 8-1-9　圆角矩形效果图

步骤 12　做一条垂直辅助线,与刚做的圆角矩形的右边对齐,如图 8-1-10 所示。

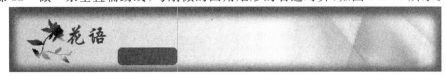

图 8-1-10　辅助线位置

步骤 13　选择"按钮背景"图层,按【Ctrl＋T】键,进入自由变换,用键盘上的方向键【→】移动,直到该圆角矩形向右移出辅助线,效果如图 8-1-11 所示。单击工具属性栏右侧的 ✔,确认变换结果。

图 8-1-11　变换后的位置

步骤 14　按【Ctrl】键并单击"按钮背景"图层缩略图,得到该层图像选区,按【Ctrl＋Alt＋Shift＋T】键四次,得到四个复制后的圆角矩形,取消选区,调整该层图像位置,如图 8-1-12 所示。选择"视图"→"显示"→"参考线"命令,取消参考线的显示。

图 8-1-12　调整位置

步骤 15　在工具箱中单击"横排文字工具" T,参数设置如图 8-1-13 所示。字体为"方正粗圆简体","字号"为 20 点,颜色为 RGB(238,253,1)。

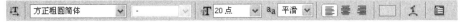

图 8-1-13　设置文字工具参数

步骤 16　分别输入"花语简介"、"花语构成"、"起源发展"、"节日花语"和"恭贺花语"。图层效果如图 8-1-14 所示,图像效果如图 8-1-15 所示。

步骤 17　将"导航按钮"组折叠起来。在工具栏中单击"横排文字工具" T,参数设置如图 8-1-16 所示。字体为"Impact","字号"为 30 点,颜色为 RGB(32,157,38)。

图 8-1-14　文字图层效果

图 8-1-15　图像效果

图 8-1-16　横排文字参数设置

步骤 18　输入 http：//www.pichy.com 网址信息，调整位置，效果见图 8-1-1。

步骤 19　选择"文件"→"存储为"命令，将所得结果存储为"导航栏.psd"文件，这样我们就完成了花语网站导航栏的设计。效果图参看"附赠光盘教学模块 8/素材/导航栏.jpg"。

 相关知识

1 导航栏的概念

导航栏在网页中是一组超链接，其链接的目标端是网页中的一个页面。网站使用导航栏是为了让访问者更清晰地找到所需要的资源区域，寻找资源。

导航是网站设计中最重要的元素。由于用户很难在没有导航的情况下去浏览一个网站里的内容，因此一个设置合理的导航栏能令访客浏览到更多感兴趣的内容。

导航栏最重要的任务是明确指向网站各个部分的内容，通过关键字和图标来实现。图标应用得越来越频繁是导航栏设计的一个主要趋势。为了使导航更加显眼，通常通过漂亮的图标来装饰导航栏。在这里，选用的图标应该能清晰地辨认，并且能清晰地表达该分类的内容，而不是用更大的图标来吸引眼球。

2 导航栏的设置

由于人们习惯于从左到右、从上到下阅读，所以主要的导航条应放置在页面左边或上边，对于较长页面来说，在最底部设置一个简单导航也很有必要，一般只要两项就够了：主页|页面顶部。

确定一种满意的模式之后，最好将这种模式应用到同一网站的每个页面，这样，浏览者就知道如何寻找信息，网页的风格也比较一致。

任务 2 "花语"网站主页设计

利用 Photoshop 的图像处理功能制作网页效果。

微课29

"花语"网站主页设计

本任务主要通过使用 Photoshop 图像处理,制作"花语"网站主页效果,效果图如图 8-2-1 所示。

图 8-2-1 "花语"网站主页效果

完成过程

步骤 1 选择"文件"→"打开"命令,打开素材文档中的图像文档"网页背景.jpg"(附赠光盘教学模块 8/素材/网页背景.jpg)。

步骤 2 选择"文件"→"存储为"命令,文件名为"花语主页.psd"。

步骤 3 选择"文件"→"打开"命令,打开素材文档中的图像文档"导航栏.jpg"(附赠光盘教学模块 8/素材/导航栏.jpg)。

步骤 4　在"导航栏.jpg"文档的"图层"面板中选择背景图层,鼠标右击该图层,在弹出的菜单中选择"复制图层",弹出"复制图层"对话框。在目标文档中选择打开状态的文档"花语主页.psd",单击【确定】按钮。如图 8-2-2 所示。

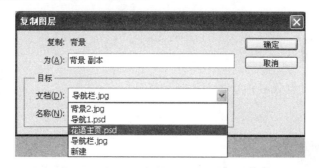

图 8-2-2　复制花语主页图层

步骤 5　在 Photoshop 中的文档标签栏单击"花语主页.psd",切换到该图像,可以看到"背景 副本"图层出现在该图像的"图层"面板中。将该层改名为"导航栏",调整"导航栏"图层的图像位置调整到最上方,如图 8-2-3 所示。

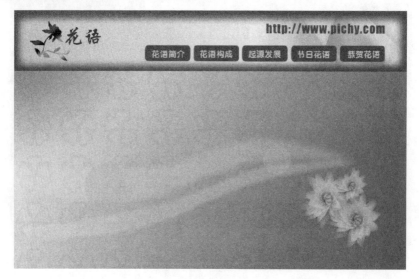

图 8-2-3　调整导航栏到最上方

步骤 6　选择"文件"→"打开"命令,打开素材文档中的图像文档"图片 1.png"(附赠光盘教学模块 8/素材/图片 1.png)。

步骤 7　在"图片 1.png"图像中,按【Ctrl+A】键全选,选择"编辑"→"拷贝"命令,然后返回图像"花语主页.psd",选择"编辑"→"粘贴"命令,在"图层"面板中出现"图层 1"图层,将该图层改名"图片 1"。按【Ctrl+T】键调整"图片 1"的大小,并用"移动工具"移动到网页左侧中部,效果如图 8-2-4 所示。

步骤 8　在工具栏中单击"直排文字工具"，参数设置如图 8-2-5 所示。字体为"方正粗圆简体","字号"为 30 点,颜色为 RGB(32,157,38)。

图 8-2-4　图片位置

图 8-2-5　直排文字参数设置

步骤 9　分别输入文字"花语,也就是花的语言""花也许会枯萎 也许会褪色 但它表达的情感 永远不会凋谢",断句时按回车键即可产生换列效果。图像效果见图 8-2-1,图层效果如图 8-2-6 所示。

步骤 10　选择"文件"→"存储"命令,将所得结果保存,这样我们就完成了花语网站主页的设计。效果图参看"附赠光盘教学模块 8/素材/花语主页.jpg"。

图 8-2-6　图层效果

 相关知识

① 网页的概念

网页(Web Page,Web 页),是网站中的一个页面,通常是 HTML 格式(文件扩展名为html、htm、asp、aspx、php 或 jsp 等)。网页通常用图像文档来提供图画,需要使用网页浏览器来阅读。

文字与图片是构成一个网页最基本的两个元素,其中,图片最能体现出网页的美观。除此之外,网页的元素还包括动画、音乐、视频等。

(1)文本：文本是网页上最重要的信息载体与交流工具，网页中的主要信息一般都以文本形式为主。

(2)图像：图像元素在网页中具有提供信息并展示直观形象的作用。一般网页都需要有图片的搭配，Photoshop 是一款很强大的图像处理工具。

静态图像：在页面中可能是光栅图形或矢量图形。通常为 GIF、JPEG 或 PNG，或矢量格式，如 SVG 或 Flash。

动画图像：通常为 GIF 和 SVG 图像。

(3)Flash 动画：Flash 动画在网页中的作用是有效地吸引访问者更多的注意。

(4)声音：声音是多媒体和视频网页重要的组成部分。

(5)视频：视频文件的采用使网页效果更加精彩且富有动感。

2 网页色彩的搭配

(1)用一种色彩。这里是指先选定一种色彩，然后调整透明度或者饱和度，使页面看起来色彩统一，有层次感。

(2)用两种色彩。先选定一种色彩，然后选择它的对比色。

(3)用一个色系。简单地说就是用一个感觉的色彩，例如淡蓝、淡黄、淡绿，或者土黄、土灰、土蓝。

在网页配色中，还要切记一些误区：

(1)不要将所有颜色都用到，尽量控制在三至五种色彩。

(2)背景和前文的对比尽量要大（绝对不要用花纹复杂的图案作背景），以便突出主要文字内容。

3 网页设计注意事项

(1)图形和版面设计关系到对主页的第一印象，图像应集中反映主页所期望传达的主要信息。

(2)图片是影响网页下载速度的重要原因，根据经验，把每页的全部内容控制在 30 KB 左右可以保证比较理想的下载时间，图像控制在 6～8 KB 为宜，每增加 2 KB 会延长 1 秒的下载时间。因此应避免使用过大的图像，不要使用横跨整个屏幕的图像，避免访问者向右滚动屏幕，一般情况下，图像占 75% 的屏幕宽度是较好的效果。

(3)颜色也是影响网页的重要因素，不同的颜色对人的感觉有不同的影响，例如：

●红色和橙色使人兴奋并使得心跳加速；

●黄色使人联想到阳光，是一种充满活力的颜色。

希望对浏览者产生什么影响，就必须为网页选择合适的颜色。

阅读文本时，眼睛从左上方开始，逐行浏览到达右下方，插入图像时不要忘记这种特性。任何具有方向性的图片应该放置在网页中眼睛最敏感的位置，如果在左上角放置一幅小鸟的图片，鸟嘴应该放在把浏览者目光引向页面中部的地方，而不是把视线引走。

这种思路可以用于所有图片：面部应该"看"网页的中部；汽车的"停靠"面向网页中部；道路、领带等图片的放置都应该有助于吸引目光从左向右、从上向下移动。

一般总是把网站导航条放置在页面左边或上边，使导航条不断地出现在浏览者的视野之中。

任务3 "花语网站主页"动画设计

任务目标：

1. 利用 Photoshop 的"动画（帧）"面板制作网页动画效果。
2. 掌握对图像进行切片、优化图像、存储为 Web 格式等操作。

微课30

"花语网站主页"动画设计

任务说明：

本任务主要为了增加网页的生动性，通过使用 Photoshop"动画（帧）"面板制作网页动画效果。完成"花语网站主页"动画效果，效果图如图 8-3-1 所示。

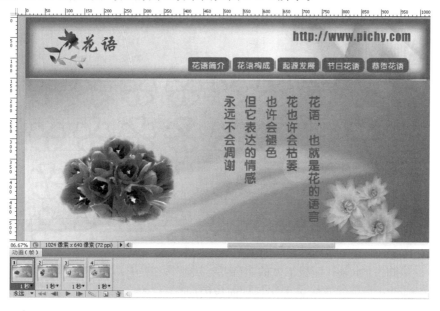

图 8-3-1　花语网站主页完成效果图

完成过程

步骤 1　选择"文件"→"打开"命令，打开素材文档中的图像文档"花语主页. psd"（附赠光盘教学模块 8/素材/花语主页. psd）。

步骤 2　选择"文件"→"打开"命令，打开素材文档中的图像文档"图片 2. png"（附赠光盘教学模块 8/素材/图片 2. png）。

步骤 3　在"图片 2. png"图像中，按【Ctrl＋A】键全选，选择"编辑"→"拷贝"命令，然后返回图像"花语主页. psd"，选择"编辑"→"粘贴"命令，在"图层"面板中出现"图层 1"图层，将该图层改名为"图片 2"。按【Ctrl＋T】键调整"图片 2"的大小，并用"移动工具"移动到网页左侧中部，图层效果如图 8-3-2 所示。

　　步骤 4　图像效果如图 8-3-3 所示。

　　步骤 5　用同样的方法，将"图片 3.png"和"图片 4.png"两个图像都复制到"花语主页.psd"，调整大小并放置在相同的位置上。将所得到的图层改名为"图片 3"和"图片 4"。"图层"面板效果如图 8-3-4 所示。

　　步骤 6　选择"窗口"→"动画"命令，打开"动画（帧）"面板。在"动画（帧）"面板中自动产生第 1 帧，此时，第 1 帧处于选中状态，用鼠标单击"图层"面板中的"图片 2"、"图片 3"和"图片 4"图层左侧的 图标，将这三个层的图像隐藏。这时第 1 帧的图像状态就是所有显示图层的效果。如图 8-3-5 所示。

图 8-3-2　图片 2 图层效果

图 8-3-3　图片 2 图像效果

　　步骤 7　单击"动画（帧）"面板下方的"复制所选帧"按钮 复制所选帧，创建第 2 帧。此时单击"图层"面板中的"图片 1"、"图片 3"和"图片 4"图层左侧的 图标，将这三个图层的图像隐藏，其他图层都显示，这时第 2 帧的图像状态就是所有显示图层的效果。如图 8-3-6 所示。

　　步骤 8　单击"动画（帧）"面板下方的"复制所选帧"按钮 复制所选帧，创建第 3 帧。此时单击"图层"面板中的"图片 1"、"图片 2"和"图片 4"图层左侧的 图标，将这三个层的图像隐藏，其他图层都显示，这时第 3 帧的图像状态就是所有显示图层的效果。如图 8-3-7 所示。

　　步骤 9　单击"动画（帧）"面板下方的"复制所选帧"按钮 复制所选帧，创建第 4 帧。此时单击"图层"面板中的"图片 1"、"图片 2"和"图片 3"图层左侧的 图标，将这三个层的图像隐

图 8-3-4　图片 3 和图片 4 图层效果

图 8-3-5　第 1 帧的图像状态

图 8-3-6　第 2 帧的图像状态

图 8-3-7　第 3 帧的图像状态

藏,其他图层都显示,这时第 4 帧的图像状态就是所有显示图层的效果。如图 8-3-8 所示。

步骤 10　将"动画(帧)"面板中的每一帧延迟时间设为 1.0 秒。如图 8-3-9 所示。

步骤 11　单击"动画(帧)"面板下的"播放动画"按钮 ▶,播放动画即可。为了让动画过渡更自然,可以在每两帧之间增加过渡帧。选择第 1 帧,单击"动画(帧)"面板下方的"过渡帧"按钮 ,弹出"过渡"对话框。设置如图 8-3-10 所示,单击【确定】按钮。

步骤 12　设置中间插入的 5 个过渡帧(即第 2 帧到第 6 帧)的延迟时间均为 0.2 秒。

步骤 13　同样的方法,将第 7 帧选中(由于插入 5 个过渡帧,原来的第 2 帧变成第 7 帧),单击"动画(帧)"面板下方的"过渡帧"按钮 ,弹出"过渡"对话框。设置参数同上。单击【确定】按钮,并修改过渡帧的延迟时间为 0.2 秒。

图 8-3-8　第 4 帧的图层显示状态

步骤 14　同样方法,选择第 13 帧,也设置过渡帧和过渡帧的延迟时间,参数同上。

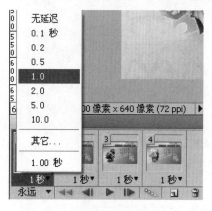

图 8-3-9　设置延迟时间

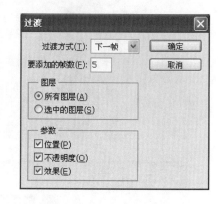

图 8-3-10　"过渡"对话框

步骤 15　同样方法,选择第 19 帧,也设置过渡帧和过渡帧的延迟时间,参数同上。只是在"过渡"对话框中选择"过渡方式"为"第一帧"。

步骤 16　设置完成后,单击"动画(帧)"面板下的"播放动画"按钮 ▶,再播放动画查看效果。

步骤 17　下边为网页图像做切片。在工具箱中选择"切片工具" ,在导航栏的按钮区域分别拖曳出 5 个矩形区域,如图 8-3-11 所示。用户创建的切片称为用户切片,其他切片称为自动切片。在显示上,用户切片编号(切片左上角)背景为蓝色,自动切片编号背景为灰色。

图 8-3-11 为网页图像做切片

步骤 18 做完切片后每个切片上都有一个切片编号,例如"花语简介"按钮所在的切片编号为 03。在工具箱中单击"切片选择工具" ,将光标停留在 03 切片范围内,双击鼠标,弹出"切片选项"对话框,包括切片类型、名称、坐标和宽高尺寸,可以根据需要修改。在该对话框中输入链接目标网页的 URL 地址,将出现在浏览器状态栏的"信息文本"和鼠标经过时浏览器的替换文本"Alt 标记"设置为"花语简介"。如图 8-3-12 所示。

图 8-3-12 "切片选项"对话框

步骤 19 选择"文件"→"存储为 Web 和设备所用格式"命令,弹出"存储为 Web 和设备所用格式(100%)"对话框。主要内容如图 8-3-13 所示。

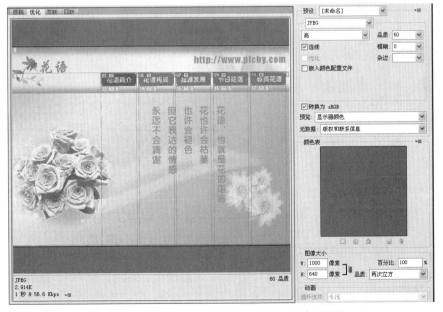

图 8-3-13 "存储为 Web 和设备所用格式(100%)"对话框

步骤 20　在"优化"标签下,选择用户切片或自动切片后,右侧参数显示所设品质选项,根据需要更改设置参数即可。当选定设置参数后,预览图下方就会显示出所选的图像格式、存储大小、传输速度和时间等信息。每个用户切片可以分别设置参数,而自动切片的参数只能是统一的。在这里,我们将用户切片设置为 JPEG 格式,"品质"为 60。而自动切片设置为 GIF 格式,颜色模式为 256 色,其他选项默认。单击对话框下方的【存储】按钮,弹出"将优化结果存储为"对话框,如图 8-3-14 所示。"格式"选择"HTML 和图像","切片"选择"所有切片"。单击【保存】按钮即可。

图 8-3-14　"将优化结构存储为"对话框

步骤 21　在该目录下会产生"花语主页.html"文档和 images 文件夹。在 images 文件夹中就是通过切片工具分割的网页图像。如图 8-3-15 所示。

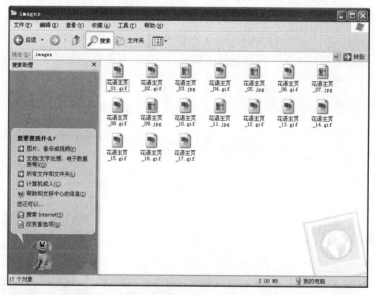

图 8-3-15　images 文件夹

步骤 22　双击"花语主页.html"文档,打开浏览器,即可看到该网页效果。

步骤 23　效果文件参看"附赠光盘教学模块 8/素材/花语主页.html"。鼠标单击"花语简介"按钮可以链接到 hyjj.html 页面(可以将附赠光盘教学模块 8/素材/hyjj.html 和 beijing2.jpg 文件复制到"花语主页.html"文件所在的文件夹中即可)。

相关知识

Photoshop CS5 中的 Web 工具和功能简化了大多数 Web 设计任务,可以帮助设计和优化单个 Web 图形或整个页面布局。使用切片工具可将图形或页面划分为若干相互紧密衔接的部分,并对每个部分应用不同的压缩和交互设置。"存储为 Web 和设备所用格式"对话框可在存储为一些 Web 兼容的格式之前,预览不同的优化设置并调整"颜色"面板、透明度和品质设置。

使用 Photoshop CS5 的 Web 工具,可以按照预设或自定格式输出完整网页。

可以使用图层和切片设计网页和网页界面元素。

可以制作用于导入到 Dreamweaver 或 Flash 中的各种文本或按钮图形。

可以使用"动画(帧)"面板来创建简单的 Web 动画,逐帧确定动画的外观,然后将其导出为动画 GIF 图像或 QuickTime 文件。

1 切片

使用切片工具创建的切片称作用户切片,通过图层创建的切片称作基于图层的切片。当创建新的用户切片或基于图层的切片时,将会生成附加自动切片来占据图像的其余区域,即自动切片填充图像中用户切片或基于图层的切片未定义的空间。每次添加或编辑用户切片或基于图层的切片时,都会重新生成自动切片。

自动切片是自动生成的,用户切片是用"切片工具" 创建的,基于图层的切片是用"图层"→"新建基于图层的切片"命令创建的。可以将自动切片和基于图层的切片转换为用户切片,使用切片选择工具在自动切片上右击,选择"提升到用户切片"命令即可。

用户切片、基于图层的切片和自动切片的外观不同,用户切片和基于图层的切片由实线定义,而自动切片由虚线定义。此外,用户切片和基于图层的切片显示不同的图标。可以选择显示或隐藏自动切片,这样可以更容易地查看使用用户切片和基于图层的切片的作品。

(1)用"切片工具" 创建切片

选择"文件"→"打开"命令,打开素材文档中的图像文档"切片.jpg"(附赠光盘教学模块 8 /素材/切片.jpg)。选择工具箱中的"切片工具" ,在图像上拖曳出矩形边框,松开鼠标,Photoshop 会生成一个带有编号的切片,即用户切片。同时 Photoshop 会自动划分整个图像,并生成自动切片(在切片左上角显示灰色数字),每创建一个新的用户切片,自动切片就会重新标注数字。任何现有切片都将自动出现在文档窗口中,06 是自动切片,01、02、03、04、05 为用户切片,如图 8-3-16 所示。

图 8-3-16　用户切片

(2)基于参考线创建切片

①向图像中添加参考线。

②选择切片工具,然后在工具属性栏中单击"基于参考线的切片"。

（3）编辑切片

①如果要改变切片的大小，可在工具箱中选择"切片选择工具"  选择切片，然后拖曳切片边框的调节点。

②选择"切片选择工具"，双击导航栏按钮"健康"，在弹出的"切片选项"对话框中设置切片属性，如图 8-3-17 所示。

在"切片选项"对话框中：

●切片类型：选择"图像"选项表示当前切片在网页中显示为图像，也可在下拉列表中选择"无图像"选项，使切片仅包含 HTML 和文本。

●名称：设置用户切片的名称。

●URL：设置在网页中单击用户切片可链接至的网络地址。

●目标：在网页中单击用户切片时，在网络浏览器中弹出一个新窗口打开链接网页。否则网络浏览器在当前窗口中打开链接网页。

图 8-3-17　设置切片属性

●信息文本：在网络浏览器中，将鼠标移动至该切片时，在"信息文本"中输入的文字出现在浏览器的状态栏中。

●Alt 标记：在网络浏览器中，将鼠标移动至该切片时，该切片上弹出提示内容。

当网络浏览器设置为不显示图片时，该切片图像的位置上显示"Alt 标记"文本框中的内容。

●尺寸：

X　指定切片左边与文档窗口的标尺原点间的像素距离。

Y　指定切片顶边与文档窗口的标尺原点间的像素距离。

注：标尺的默认原点是图像的左上角。

W　指定切片的宽度。

H　指定切片的高度。

●切片背景类型：用来选择不同的切片背景和不同的背景颜色。

（4）移动用户切片、调整用户切片大小和对齐用户切片

①用"切片选择工具"移动切片到指定位置即可，按住【Shift】键可将移动限制在垂直、水平或 45°对角线方向上。

②用"切片选择工具"拖曳切片边缘的调整柄即可调整大小。或右击该切片，弹出菜单中选择"编辑切片选项"命令，设置尺寸和位置。

③将切片与参考线、用户切片或其他对象对齐。

●选择"视图"→"对齐"命令，选择所需要的选项。

●当选择了多个用户切片时，可以用工具属性栏中的"顶对齐" 等按钮进行对齐操作。

（5）删除切片

选择切片，按【Delete】键即可。

（6）优化图像

①选择"文件"→"存储为 Web 和设备所用格式"命令，弹出如图 8-3-18 所示对话框。

②在"存储为 Web 和设备所用格式(100％)"对话框中左上方的标签的介绍如下：

●原稿：用来查看未优化的图像。

●优化：对话框中显示优化后的图像效果。

●双联：对话框分为 2 个窗口，分别展示原始图像和优化后的图像效果，如图 8-3-18 所示。

●四联：对话框分为 4 个窗口，分别展示原始图像和 3 种优化后的图像效果。

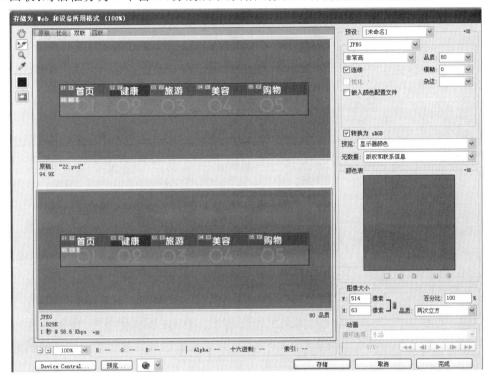

图 8-3-18　"存储为 Web 和设备所用格式(100％)"对话框

③在"存储为 Web 和设备所用格式(100％)"对话框中右侧的选项及命令区域常用选项如下：

GIF 格式：GIF 是用于压缩具有单调颜色和清晰细节的图像(如艺术线条、徽标或带文字的插图)的标准格式。

PNG-8 格式：与 GIF 格式一样，PNG-8 格式可有效地压缩纯色区域，同时保留清晰的细节。PNG-8 和 GIF 文件支持 8 位颜色，因此它们可以显示多达 256 种颜色。

JPEG 格式：可以选择保存图像切片的格式。JPEG 是用于压缩连续色调图像(如照片)的标准格式。

在"品质"框中，设置允许降低图像质量对图像进行压缩的比例。

勾选"连续"选项，允许使用多种途径下载。

设置"模糊"值，可以在用户切片图像中产生模糊效果。

单击"杂边"框右侧的按钮，可以选择适当的颜色作为用户切片图像的背景(只有在当前图像有透明效果时，才能看出效果)。其中"吸管颜色"命令是指使用吸管工具下方的色块颜色。

PNG-24 格式：PNG-24 适合于压缩连续色调图像。使用 PNG-24 的优点在于可在图像中保留多达 256 个透明度级别。

WBMP 格式：WBMP 格式是用于优化移动设备图像的标准格式。WBMP 支持 1 位颜色，即 WBMP 图像只包含黑色和白色像素。

选取的文件格式很大程度上取决于图像的特性。选择"优化"选项，才可以对图像进行优化设置。

④选择"切片选择工具" ，在按住【Shift】键的同时，选中 01、02、03、04、05 号切片。单击【存储】按钮，会弹出"将优化结果存储为"对话框，如图 8-3-19 所示。

图 8-3-19 "将优化结果存储为"对话框

⑤创建一个新的名称为"Web Images"的文件夹，保留自定的名称，在"格式"右侧的下拉列表中选择"仅限图像"，在"切片"右侧的下拉列表中选择"选中的切片"。设定完成后，单击【保存】按钮。在硬盘中找到刚刚创建的文件夹，可看到生成的分别包含 5 个切片的图像文件，如图 8-3-20 所示。

图 8-3-20 分别包含 5 个切片的图像文件

因为 02 号切片我们在前边已经修改了名称，所以文件名与其他切片不同。

⑥选取"文件"→"存储"，将完成的工作存储起来。

切片是根据图层、参考线、精确选择区域或用"切片工具" 创建的一块矩形图像区域，利用切片工具将图像分割成许多功能区域。在存储网页图像和 HTML 文件时，每个切片都会作为独立文件存储，并具有其自己的设置和"颜色"面板，并且在关联的 Web 页中会保留所创建的正确的链接、翻转效果以及动画效果。

在处理包含不同类型数据的图像时，切片也非常有用。例如，希望为图像的某个区域加上动画效果（需要 GIF 格式），但又想以 JPEG 格式优化图像的其余部分，则可以使用切片来隔离动画。

❷ 动画

(1)"动画(帧)"面板

动画是在一段时间内显示的一系列图像或帧。每一帧较前一帧都有轻微的变化，当连续、快速地显示这些帧时就会产生运动或其他变化的错觉。

　　在 Photoshop 标准版中,"动画(帧)"面板("窗口"→"动画"命令)以帧模式出现,显示动画中每个帧的缩略图。使用面板底部的工具可浏览各个帧,设置循环选项,添加和删除帧以及预览动画。如图 8-3-21 所示。

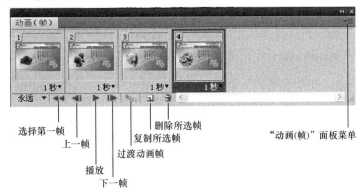

图 8-3-21　"动画(帧)"面板

　　"动画(帧)"面板菜单包含其他用于编辑帧或时间轴持续时间以及用于配置面板外观的命令。单击面板菜单图标可查看可用命令。

　　(2)帧模式

　　在帧模式中,"动画(帧)"面板包含下列控件:

　　①循环选项:设置动画在作为动画 GIF 文件导出时的播放次数。

　　②帧延迟时间:设置帧在回放过程中的持续时间。

　　③过渡动画帧:在两个现有帧之间添加一系列帧,通过插值方法(改变)使新帧之间的图层属性均匀。

　　④复制选定的帧:通过复制"动画(帧)"面板中的选定帧向动画添加帧。

　　(3)创建帧动画

　　在 Photoshop 中,使用"动画(帧)"面板创建动画帧。每个帧表示一个图层配置。要在 Photoshop 中创建基于帧的动画一般工作流程如下:

　　①打开一个新文档。同时打开"动画(帧)"和"图层"面板。

　　②添加图层或转换背景图层。

　　由于不能为背景图层创建动画,需要添加新图层或将背景图层转换为普通图层。

　　③向动画中添加内容。

　　如果动画中包含一些已单独创建动画的对象,或者要更改某个对象的颜色或完全更改某个帧中的内容,就要在单独图层上创建对象。

　　④将帧添加到"动画(帧)"面板中。

　　打开一个图像,则"动画(帧)"面板将该图像显示为新动画的第一个帧。添加的每个帧都是上一个帧的副本,然后可使用"图层"面板对帧进行更改。

　　⑤选择一个帧,编辑选定帧的图层。可通过下列操作更改:

　　●打开和关闭不同图层的可见性。

　　●更改对象或图层的位置以移动图层内容。

　　●更改图层不透明度以渐显或渐隐内容。

　　●更改图层的混合模式。

●向图层添加样式。

⑥根据需要,继续添加更多帧并编辑图层。

可以通过设置过渡帧更改两帧之间的动画效果,"过渡"命令(也称为插值处理)大大减少了创建动画效果(如渐现、渐隐或在帧之间移动图素)所需的时间。创建过渡帧之后,可以分别对它们进行编辑。

可以使用"过渡"命令自动添加或修改两个现有帧之间的一系列帧,均匀地改变新帧之间的图层属性(位置、不透明度或效果参数)以创建运动显示效果。例如,要渐隐一个图层,则可将起始帧的图层不透明度设置为100%,然后将结束帧的同一图层的不透明度设置为0。在这两个帧之间过渡时,该图层的不透明度在整个新帧上均匀减小。

⑦设置帧延迟和循环选项。

⑧预览动画。

可在创建动画时使用"动画(帧)"面板中的控件播放动画,然后使用"存储为 Web 和设备所用格式"命令在 Web 浏览器中预览动画。

⑨优化动画以便快速进行下载。

⑩存储动画。

可以使用"存储为 Web 和设备所用格式"命令将动画存储为动画 GIF,也可以用 PSD 格式存储动画,以便稍后能够对动画执行更多的操作。

在 Photoshop 中,可以将帧动画导出为图像序列、QuickTime 影片或单独的文件。

(3)更改动画中图层的属性

"图层"面板中的统一按钮("统一图层位置" 、"统一图层可见性" 和"统一图层样式")决定如何将对当前动画帧中的属性所做的更改应用于同一图层中的其他帧。当选择某个统一按钮时,将在当前图层的所有帧中更改该属性;当取消选择该按钮时,更改将仅应用于当前帧。

"图层"面板中的"传播帧1"选项还决定如何将对第1帧中的属性所做的更改应用于同一图层中的其他帧。选择该选项后,可以更改第1帧中的属性,当前图层中的所有后续帧都会发生与第1帧相关的更改,并保留已创建的动画。

(4)在帧动画中指定延迟时间

在"动画(帧)"面板中,单击所选帧下面的"延迟"值以查看弹出式菜单。

可以为动画中的单个或多个帧指定延迟(显示帧的时间),延迟时间以秒为单位显示,秒的几分之一以小数值显示。例如,将四分之一秒指定为0.25秒。如果在当前帧上设置延迟,则之后创建的每个帧都将记忆并应用该延迟值,也可以根据需要进行修改。

(5)在帧动画中指定循环

①单击"动画(帧)"面板左下角的循环选项选择框。

②选择循环选项:"一次"、"3次"、"永远"或"其他"。

③如果选择的是"其他",请在"设置循环计数"对话框中输入一个值,并单击【确定】按钮。

④也可以在"存储为 Web 和设备所用格式(100%)"对话框中设置循环选项。

(6)删除整个动画

从"动画(帧)"面板菜单中选择"删除动画"即可。

经验指导

1 设计网页布局,在 Photoshop 中制作网页框架

网页布局是决定网站美观与否的一个重要方面,通过合理的、有创意的布局,可以把文字、图像等内容完美地展现在浏览者面前。最好先用笔和纸将构思的草图画下来,不需要很详细,只需要画出页面的大体结构作为创作样本即可。布局的原则如下:

(1)对称均衡:对称是一种美,能给人稳定感,对称形式构成的网页具有重心稳定和庄重整齐的美感,均衡的网页生动活泼富于变化,具有变化美。但过度的对称就会给人一种呆板、死气沉沉的感觉。

(2)对比协调:对比使网页形式生动、个性鲜明,避免平淡无奇;对比协调则给人以柔和、亲切的美感。

(3)比例适度:良好的比例关系并不一定要黄金分割,但一定要适度、协调,才能使整个页面和谐、匀称明朗。

(4)疏密交错:网页上重复的形式过多会使页面显得呆板,容易使浏览者产生视觉疲劳。因此不要整个网页只有一种样式,要通过留白、空格、改变行间距、字间距等变化来打破页面呆板、平淡的格局。

(5)节奏韵律:韵律是使节奏富有律动感的变化美,将点、圆形、线条等沿一定的曲线重复排列时,就会产生韵律感,使画面显得轻盈而富有灵气。

网页中的元素有很多,像导航条、文本框、文字、版权、Logo、广告等,尽量把这些相对独立的元素放在不同的图层中,这样方便以后再编辑。

当图层太多时,可建立多个图层组来进行管理。为每个组取一个名称(如导航条),把相关联的图层都拖放到同一组中,比如网页导航条的所有元素,标题、菜单、Logo 等都放到"导航条"组中。用同样的方法可以建立多个组,在组的下面还可以建立子组。

单击图层组左侧的小三角 ▷,就可以像文件夹一样展开或折叠它,这样"图层"面板就显得干净利落得多,要找到某个元素也能很容易找到。对同一组中的所以图层可以方便地进行统一操作,如整体复制、删除、隐藏、合并等。

参考线是布局网页的有效工具,先用横参考线将网页布局分成几大版块,然后再用垂直参考线将每个板块按思路分为几个小板块,最后整体观察一下。需要注意的是网站的 Logo 和导航条等都是事先设计好的,有固定大小,这些区域尺寸一定要按照这些元素尺寸设计,不能有丝毫差错,否则进入 Dreamweaver 整合时,则可能出现空边或撑开表格的现象。

2 借鉴网页效果

如果想借鉴某个网页的设计,可以把它截成图片放在最下面的图层中,再拉出多个参考线划出网页的大致版式,再在此基础之上边参考边制作自己的网页。

3 切片的使用

图片太大会使网页下载时间过长,影响网页的浏览。把大的图切分成均匀的小图,可以提高网页下载速度。

Logo 和导航条必须先切成图片,因为一般情况下,Logo 和导航条都是特别设计的,尤其是导航条,只有经过切片后才能在 Dreamweaver 中实现效果。

虚线和转角形状必须切片,虚线和转角形状在 Dreamweaver 不能实现,因此只能使用 Photoshop 先切片,然后再通过 Dreamweaver 加工实现。

切片将图像划分为若干较小的图像,这些图像可在 Web 页上重新组合。通过划分图像,可以指定不同的 URL 链接以创建页面导航,或使用其自身的优化设置对图像的每个部分进行优化。可以使用"存储为 Web 和设备所用格式"命令来导出和优化切片图像。Photoshop 将每个切片存储为单独的文件并生成显示切片图像所需的 HTML 文档。

在处理切片时,需要注意以下基本要点:

(1)可以通过使用"切片工具"或创建基于图层的切片来创建切片。

(2)创建切片后,可以使用切片选择工具,选择该切片,然后对它进行移动和调整大小,或与其他切片对齐等操作。

(3)可以在"切片选项"对话框中为每个切片设置选项,如切片类型、名称和 URL。

(4)可以使用"存储为 Web 和设备所用格式(100%)"对话框中的各种优化设置对每个切片进行优化。

④ 从 Photoshop 到 Dreamweaver 的转换

在 Photoshop 中设计好之后,下面就要用"切片工具"把它转换成网页。有些人在切片之前喜欢合并图层,其实没有必要,合不合并图层对最终生成的网页没有多大影响,反而会妨碍以后的编辑修改。我们最终需要的,只是 Photoshop 中制作的图形和框架。

从 Photoshop 到 Dreamweaver 的转换,可以从以下四步入手:

(1)选择"切片工具"(快捷键为 K),把需要的每个图形独立切分出来。每切分出一个图形,在它的左上角会显示出切片编号。

(2)在工具箱右击"切片工具",从弹出菜单中选择"切片选择工具",用它选取、移动切片,并调整切片的大小。右击某个切片还可以删除或划分这个切片。

(3)切分出所有图片后,选择"文件"→"存储为 Web 和设备所用格式"命令,打开"存储为 Web 和设备所用格式(100%)"对话框,根据需要设置好图片的格式、调色板等参数后,单击【存储】按钮调出"将优化结果存储为"对话框,选择"HTML 和图像"格式,使用默认设置,选择"所有切片",保存即可。

(4)在 Dreamweaver 中打开刚才保存的网页,添加文字并进行各种编辑修改就可以了。注意:Photoshop 导出的实际上就是一个大的表格,将切片图片插入到每一个表格单元中,在 Dreamweaver 中编辑时,直接删除不需要的图片,再添加相应的内容,或将图片转换为单元格背景再添加内容。若要删除某个切片图片,就要把它所在单元格的宽度和高度设置成该切片的宽和高,以保持页面的完整。

(5)存储切片的文件夹必须位于站点的根目录下,文件夹名必须是英文名字。

⑤ 创建翻转图像

翻转是网页上的一个按钮或图像,当鼠标移动到它上方时会发生变化。要创建翻转,至少需要两个图像:主图像表示处于正常状态的图像,而次图像表示处于更改状态的图像。可以在 Photoshop 中制作出两张等大的图像,通过更改图层的样式、可见性或位置,调整颜色或色调,或者应用滤镜得到两种不同的效果,即翻转图像组。

导航按钮或图像上文字的特殊字体要在 Photoshop 中直接添加上去,字体的颜色设置要考虑到整个页面效果,另外,如果想制作出变化的导航效果,应复制对应的图层,设计好变化效果之后再隐藏该图层。将导航改变效果的图层进行切片的时候,以另外一个名字存在另一个路径下,然后再将这些改变效果的图片拷贝到存放所有切片图片的路径下,为在 Dreamweaver 中创建翻转图像做准备。

在 Photoshop 中创建翻转图像组之后,使用 Dreamweaver 将这些图像置入网页中并为翻转动作添加 JavaScript 代码。

⑥ 优化动画帧

完成动画后,应优化动画以便快速下载到 Web 浏览器。可以使用两种方法来优化动画:

(1)优化帧,使之只包含各帧之间的更改区域。这会大大减小动画 GIF 文件的文件大小。

(2)如果要将动画存储为 GIF 图像,与标准 GIF 优化相比,可能需要更多的时间来优化动画 GIF。

优化动画中的颜色时,使用"随样性"、"可感知"或"可选择"调板,将确保帧之间的颜色一致。

(1)从"动画(帧)"面板菜单中选取"优化动画"选项。

(2)设置以下选项:

外框:将每一帧裁剪到相对于上一帧发生了变化的区域。使用该选项创建的动画文件比较小,但是与不支持该选项的 GIF 编辑器不兼容。

删除冗余像素:使帧中与前一帧保持相同的所有像素变为透明。为了有效去除多余像素,必须选择"优化"面板中的"透明度"选项。

注意:使用"去除多余像素"选项时,要将帧处理方法设置为"自动"。

(3)单击【确定】按钮。

⑦ 合理安排网页内容

目前流行的显示屏分辨率为 1024 px×768 px,制作网页时可以做成 1000 px 宽度的尺寸,看上去是满屏,而且没有水平滚动条。高度一般在 560 px 左右时是一屏(与浏览器的工具栏设置有关),没有垂直滚动条,若内容超过这个高度,将会出现垂直滚动条。一般情况下,我们做网页尽量不要产生水平滚动条,这样方便浏览者浏览。

拓展训练

训练 8-1　放大镜动画

任务要求:

主要是利用 Photoshop 中"动画(帧)"面板和"动画"菜单实现该效果。

打开素材文档中的图像文档"放大镜动画.psd"(附赠光盘教学模块 8/素材/放大镜动画.psd),如图 8-3-22 所示。放大镜动画的图层效果如图 8-3-23 所示。

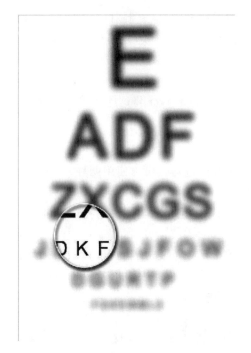
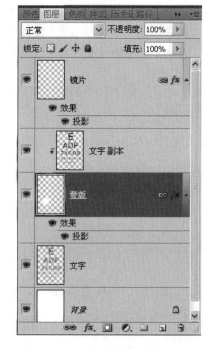

图 8-3-22　放大镜动画　　　　　　　图 8-3-23　放大镜动画的图层效果

步骤指导：

(1)新建文件，大小为 550 像素×800 像素，RGB 模式。

(2)新建"文字"图层，输入不同字号的文字并栅格化，将所有栅格后的文字合并为一层，命名为"文字"。

(3)复制"文字"图层为"文字 副本"图层。

(4)新建图层，做镜片效果，命名为"镜片"图层。

(5)新建图层，按照"镜片"图层的区域制作"蒙版"图层。

(6)将"文字 副本"图层和"蒙版"图层组成图层剪贴组，见图 8-3-23。

(7)将"蒙版"图层与"镜片"图层建立链接。

(8)对"文字"图层图像应用"高斯模糊"滤镜。

(9)打开"动画(帧)"面板，调整第 1 帧中镜片的位置，单击复制所选帧按钮，调整第 2 帧中镜片的位置，同样复制出第 3 帧，再调整镜片的位置，并为这三个帧添加过渡帧。

(10)单击"动画(帧)"面板中的"播放动画"按钮，观察效果。

任务效果：

见图 8-3-23。

训练 8-2　　制作网页

任务要求：

通过创建切片和"存储为 Web 和设备所用格式"命令进行优化存储，生成 HTML 网页文件等操作生成网页文件,同时可以结合"动画(帧)"面板制作图像切换的动画效果。

打开素材文档中的图像文档"lianxi. psd"(附赠光盘教学模块 8/素材/lianxi. psd),网页效果如图 8-3-24 所示,其图层效果如图 8-3-25 所示。

图 8-3-24　网页效果

图 8-3-25　网页图层效果

步骤指导:

(1)打开素材文档中的图像文档"beijing. jpg"(附赠光盘教学模块 8/素材/beijing. jpg)。

(2)用"横排文字工具"输入"Upcoming Classes""Covering everything from sauces to sautées to sweets, our monthly class schedule will keep you cooking. Starting in April, we'll start with pasta making. Far simpler than it sounds, you only need a pair of hands and a pasta machine to create fantastic pasta from scratch. We'll also make various forms including ravioli, fettuccine, linguini, and ways of flavoring the pasta itself, as well as the sauces to serve with it. Speaking of sauces, that's May. Tomato, pesto, and clam sauces with plenty of onion and garlic to keep mint and chewing gum companies smiling. Focusing on prime ingredients and ageless techniques, this is sure to be a full class."并设置相应格式,调整位置到图像右下部。

（3）打开素材文档中的图像文档"fresh.jpg"（附赠光盘教学模块 8/素材/fresh.jpg），并将图像复制到"beijing.jpg"文件中,调整大小和位置,设置"投影"图层样式,将该图层命名为"照片"。

（4）建立导航按钮。新建图层组,命名为"What's Fresh",在该组中建立文字图层"What's Fresh"和"按钮背景"图层。

（5）复制该图层组,命名为"Recipes",将其中的文字图层内容改为"Recipes",调整文字图层"Recipes"和按钮背景的位置。

（6）同样的方法得到"Guest Chefs"、"Events"、"Classes"和"About Us"图层组,并调整好位置。如图 8-3-26 所示。

图 8-3-26　调整文字按钮位置

（7）最后保存文件（根据需要,可以创建切片,利用"存储为 Web 和设备所用格式（100%）"对话框进行优化存储,生成 HTML 网页文件。读者也可以添加动画效果,例如图像的切换等）。

任务效果：

见图 8-3-24。

模块 09

综合项目实训

教学模块 9 前言

教学目标

　　本模块通过将前面所学知识、命令、技巧的综合应用，来完成典型的 Photoshop 平面项目实训，巩固理解前面所学的知识和技能。

教学要求

知识要点	能力要求	关联知识
招贴广告设计	能应用相关命令制作招贴广告，掌握招贴广告设计的方法	图像图形处理、文字排版等
折页广告设计	能应用相关命令制作折页广告，掌握折页广告设计的方法	图像图形处理、文字排版等
书籍护封设计	能应用相关命令制作书籍封面，掌握书籍封面设计的方法	图像图形处理、文字排版等
包装装潢设计	能应用相关命令制作包装装潢，掌握包装装潢设计的方法	图像图形处理、文字排版等

项目1 "房地产"招贴广告设计

项目目标：

微课31

利用 Photoshop 的图像处理等功能完成"房地产"招贴广告设计。

项目说明：

"房地产"招贴广告设计

本实训"房地产"招贴广告效果是由蓝天白云、海、草地、山林、建筑等 6 张图像素材合成的。如图 9-1-1 所示。从画面中将看到：辽远的天空，湛蓝的海水，烟波浩渺，海天一色。海岸边那片绿意盎然的土地更是映衬出海的魅力，那里充满了唯美、辽远、浪漫的气息，给人以无尽的遐想。岸边的建筑依山而建，人们依水而居，真实再现"阳光水岸"家园的魅力。

图 9-1-1 "房地产"招贴广告效果

完成过程

步骤 1 打开素材文件夹中的名为"海.jpg"（附赠光盘教学模块 9/素材/海.jpg）和"蓝天白云.jpg"（附赠光盘教学模块 9/素材/蓝天白云.jpg）的图像文件，如图 9-1-2 和图 9-1-3 所示。

图 9-1-2 "海"图像文件

图 9-1-3 "蓝天白云"图像文件

步骤 2　在"蓝天白云"图像中创建一个矩形选区,如图 9-1-4 所示。

步骤 3　将选区内的图像直接拖入到"海"图像中,打开"图层"面板,设置图层混合模式为"正片叠底",如图 9-1-5 所示。

图 9-1-4　创建"蓝天白云"矩形选区　　　　　　　　图 9-1-5　图层 1 图层效果

步骤 4　将移入的"蓝天白云"图像置于图像的上方,选择"多边形套索工具" ,选取遮盖底层图像的区域,如图 9-1-6 所示。

步骤 5　选择图层 1,将选择区域内的图像删除,取消选区,将图层混合模式设置为"正常",图像效果如图 9-1-7 所示。

图 9-1-6　选取遮盖底层图像的区域　　　　　　　图 9-1-7　将选择区域内的图像删除

步骤 6　打开名为"草地.tif"(附赠光盘教学模块 9/素材/草地.tif)的图像文件,如图 9-1-8 所示。在图像中创建矩形选区,如图 9-1-9 所示。

图 9-1-8　打开"草地"图像文件　　　　　　　图 9-1-9　创建"草地"矩形选区

步骤 7　将选区内的图像拖入"海"图像中,按【Ctrl＋T】键对图像进行调整,如图 9-1-10 所示。调整后的图像位置如图 9-1-11 所示。

图 9-1-10　对图像进行调整　　　　　　　　　　　　　　图 9-1-11　调整后的位置

步骤 8　在"图层"面板中将图层 2 的混合模式设置为"正片叠底",如图 9-1-12 所示。选择"矩形选框工具"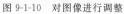,在图像窗口创建选区,如图 9-1-13 所示。

图 9-1-12　设置为"正片叠底"　　　　　　　　　　　　图 9-1-13　创建矩形选区

步骤 9　选择菜单栏中的"选择"→"调整边缘"命令,在打开的"调整边缘"对话框中设置"羽化"值为 5.0 像素,如图 9-1-14 所示。按【Delete】键,删除选区内的图像,取消选区,图像窗口效果如图 9-1-15 所示。

图 9-1-14　设置"羽化"值为 5.0 像素　　　　　　　　图 9-1-15　删除选区后的图像效果

步骤 10　打开名为"山林.tif"（附赠光盘教学模块 9/素材/山林.tif）的图像文件，如图 9-1-16 所示。在图像中创建矩形选区，如图 9-1-17 所示。

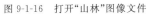

图 9-1-16　打开"山林"图像文件

图 9-1-17　创建"山林"矩形选区

步骤 11　将选区内的图像拖入名为"海"的图像中，打开"图层"面板，设置图层混合模式为"叠加"，如图 9-1-18 所示。选择"套索工具"创建选区，如图 9-1-19 所示。

图 9-1-18　图层 3 图层效果

图 9-1-19　创建不规则选区

步骤 12　选择菜单栏中的"选择"→"调整边缘"命令，在打开的"调整边缘"对话框中设置"羽化"值为 20.0 像素，如图 9-1-20 所示。

步骤 13　按【Delete】键 3 次，删除选区内的图像，效果如图 9-1-21 所示。

图 9-1-20　设置"羽化"值为 20.0 像素

图 9-1-21　删除选区内的图像

步骤 14　取消选区,合并所有图层。将合并后的图像命名为"合成图像.jpg"。

步骤 15　新建 45 cm×60 cm 的图像文件,CMYK 颜色模式,分辨率为 300 像素/英寸,如图 9-1-22 所示。

步骤 16　在背景层填充淡黄色 CMYK(3,2,31,0),然后将背景层全选,选择"编辑"→"描边"命令,打开"描边"对话框,设置"宽度"为 40 像素,"位置"为"内部",颜色为 CMYK(42,58,76,61),创建选区,填充前景色 CMYK(82,48,0,0)至背景色 CMYK(41,11,0,0)的线性渐变,用来确定图像的位置。如图 9-1-23 所示。

图 9-1-22　"新建"对话框

图 9-1-23　填充渐变色

步骤 17　将"合成图像"全选,将其拖入填充区域中。再打开名为"云.jpg"(附赠光盘的教学模块 9/素材/云.jpg)的图像文件,如图 9-1-24 所示。将两张图片连接在一起,适当调整位置。在叠加的部分创建选区,羽化选区边缘,删除选区内的图像,完成无缝融合的效果,如图 9-1-25 所示。

图 9-1-24　打开图像文件

图 9-1-25　无缝融合的效果

步骤 18　打开名为"建筑.tif"(附赠光盘教学模块 9/素材/建筑.tif)、"建筑 1.tif"(附赠光盘教学模块 9/素材/建筑 1.tif)的图像文件,将图像中的建筑物抠出来。如图 9-1-26 和图 9-1-27 所示。

图 9-1-26　打开"建筑"图像文件图 9-1-27　打开"建筑 1"图像文件

步骤 19　将抠取出的"建筑 1"图像拖入文件,调整其位置、大小,置于图像的右下方,添加边框,如图 9-1-28 所示。将抠取出的"建筑"图像拖入文件,调整其位置、大小,为移入的图像添加图层蒙版,在蒙版中填充线性渐变,图像效果如图 9-1-29 所示。"图层"面板如图 9-1-30 所示。

图 9-1-28　拖入"建筑 1"图像效果图 9-1-29　拖入"建筑"图像效果

步骤 20　选择"横排文字工具" T.,创建文字组,设置字体、字号,分别在图像的上方、下方输入文字和图形,如图 9-1-31 和图 9-1-32 所示。

图 9-1-30　"图层"面板效果图 9-1-31　图像上方的文字

图 9-1-32　图像下方的文字

步骤 21　将图像保存为"房产广告.psd",最后完成的效果见图 9-1-1。

 经验指导

❶ 平面广告设计的基本要求

（1）简洁易懂

招贴广告在设计时首先要明确主题,向消费者表明为什么做（why）,说明"我"是什么产品（what）,"我"的服务对象是谁,或者把产品卖给谁（who）。在作品画面中要简洁明了,一目了然。

（2）具有创造性和新颖性

创意是广告的核心,创意是一种与众不同的想法。好的创意才能让广告的信息有效地传播。

（3）具有强烈的视觉美

视觉美是构图、色彩、文字等诸多要素的组合。广告设计缺乏视觉美是不能打动消费者的,更无法唤起消费者的情感。广告视觉效果的意境是由广告画面的形式美衍射而来的设计意境,好的意境营造能够抓住人的心理,能够提升广告信息的传达率,增强产品的销售力。

（4）具有真实性

真实是广告的基础,广告设计要准确地表达商品的性质和功能。要选择正确的表达对象,引起消费者的共鸣,不能凭个人的主观意图。广告信息必须真实可信,才能引起消费者的兴趣和购买欲。

❷ 评价标准

构思新颖,主题明确,色彩鲜明,文字简练,引人注目。

项目 2　书籍护封设计

　**项目目标：**

利用 Photoshop 的图像处理等功能完成书籍护封设计。

微课32

书籍护封设计

本实训"书籍护封"设计效果是由书籍的封面、封底、书脊三部分组成的，如图 9-2-1 所示。从画面中将看到：醒目的书名，艳丽的色彩，向心的版式，跳跃的动画图形，流畅的线条，隐约的键盘组合在一起，给读者带来清新灵动的气息。

图 9-2-1　"书籍护封"效果

 完成过程

　　步骤 1　新建一个名为"出版社封面"的文件，尺寸为 426 毫米×291 毫米（16 开＋出血线），分辨率为 300 像素/英寸，颜色模式为 CMYK 颜色，如图 9-2-2 所示。

图 9-2-2　新建"出版社封面"文件

步骤 2 设置参考线,先设置出血线,单击"移动工具" ⊕ 拖曳出参考线,即在距画面左、右边界 3 mm 处各设置一条垂直参考线,在距画面上、下 3 mm 处各设置一条水平参考线。随后在画面中间,即距左边界 213 mm 的位置设置一条垂直参考线,距上边界 145.5 mm 的位置上设置一条水平参考线,确定封面的版心。然后在垂直中线的位置向左右各延伸 5 mm,设置两条参考线,确定书脊的宽度(10 mm),如图 9-2-3 所示。

图 9-2-3 设置参考线

步骤 3 新建图层 1,单击"矩形选框工具" ▭,在书脊位置上、下各绘制一个矩形选区,宽度为 10 mm,紧贴辅助线,并填充颜色 CMYK(11,61,94,0),如图 9-2-4 和图 9-2-5 所示。

步骤 4 右击文字工具 T,选择"直排文字工具" ↓T,在画面书脊位置单击输入"Flash CS4 Professional 实用教程 主编 张红 大连理工大学出版社",字体为"黑体","字号"为 18 点,"Flash CS4"颜色为 CMYK(11,61,94,0),其他文字颜色为黑色,自动生成文字图层,如图 9-2-6 所示。

步骤 5 右击文字工具 T,选择"横排文字工具" T,封面上方单击输入"配套十二五国家重点电子出版物新世纪高职高专多媒体系列教材",字体为"华文细黑","字号"为17 点,颜色为黑色。

图 9-2-4 矩形图层面板

步骤 6 右击文字工具 T,选择"横排文字工具" T,在封面上方位置输入"Flash CS4",字体为 impact,"字号"为 90 点,如图 9-2-7 所示。在它下方输入"Professional 实用教程",字体为"黑体","字号"为 36 点,颜色为黑色。接着在下方输入"主编 王红",字体为"黑体","字号"为 18 点。然后在封面下方输入文字"大连理工大学出版社",字体为"黑体","字号"为 18 点,颜色为黑色。

步骤 7 打开"键盘"文件(附赠光盘教学模块 9/素材/键盘.jpg),如图 9-2-8 所示,抠出键

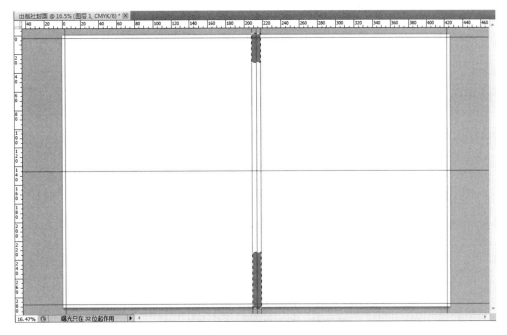

图 9-2-5　绘制矩形

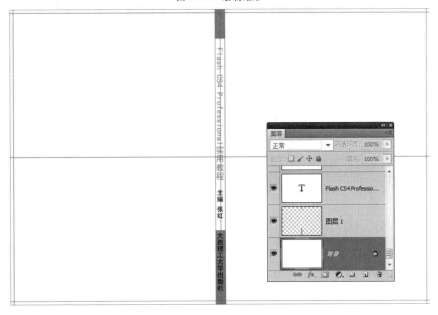

图 9-2-6　输入书脊文字

盘,拷贝到"出版社封面"文件中,自动生成新图层,调整大小放置在适当位置,在"图层"面板中单击"添加图层蒙版"按钮，单击工具箱中的"渐变工具"，选择黑色到透明的线性渐变,在蒙版中绘制黑色到透明渐变,如图 9-2-9 所示。

　　步骤 8　新建图层 2,单击"椭圆选框工具"，设置属性栏宽度和高度的固定比例为 1∶1，在画面中绘制正圆形,设置前景色为 CMYK(4,66,12,0),单击"渐变工具"，设置前景色到透明的渐变,勾选"反向"复选框,在圆形选区中绘制渐变色,如图 9-2-10 所示。然后降低本图层的图层不透明度为 50%,如图 9-2-11 所示。

图 9-2-7 封面文字

图 9-2-8 "键盘"文件

图 9-2-9 为键盘创建蒙版

图 9-2-10 绘制渐变色

图 9-2-11 绘制正圆形

步骤 9 复制图层 2,生成图层 2 副本。选择"图像"→"调整"→"色相/饱和度"命令,如图 9-2-12 所示,调整数值,如图 9-2-13 所示。

图 9-2-12 复制图层 2

图 9-2-13 调整色相/饱和度

步骤 10 选择图层 2 副本,选择"编辑"→"变换"→"水平翻转"命令,将图形调整到合适位置,如图 9-2-14 所示。

图 9-2-14 水平翻转后效果

步骤 11 打开素材"F 图形"(附赠光盘教学模块 9/素材/F 图形.jpg),如图 9-2-15 所示,用"魔棒工具"将"F"选中,将"F"图形拷贝到"出版社封面"文件图层 3 中,选中"F"图形,填充颜色为 CMYK(39,9,90,0),如图 9-2-16 所示。单击"图层效果"按钮,为该层添加图层效果,如图 9-2-17、图 9-2-18、图 9-2-19 所示。

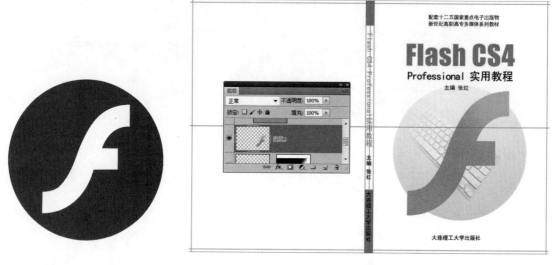

图 9-2-15 F 图形 | 图 9-2-16 填充颜色后效果

步骤 12 新建图层 4,单击"渐变工具",单击渐变编辑器,新建五个颜色,分别为 CMYK(39,8,90,0),CMYK(62,0,43,0),CMYK(62,0,3,0),CMYK(29,0,35,0),CMYK(2,0,62,0),如图 9-2-20 所示。选择"径向渐变",在画面中拖曳,如图 9-2-21 所示。

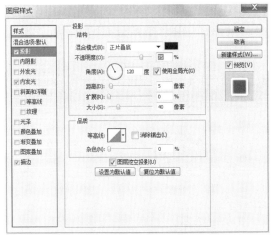

图 9-2-17　设置投影

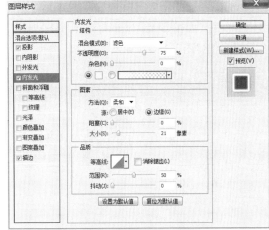

图 9-2-18　设置内发光

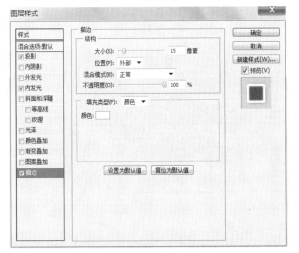

图 9-2-19　设置描边

图 9-2-20　设置渐变编辑器

步骤 13　按住【Alt】键，将鼠标在图层 3 和图层 4 之间的连线上单击，形成剪贴图层，如图 9-2-22 所示。

图 9-2-21　填充渐变色

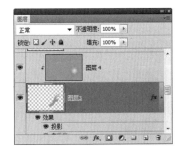

图 9-2-22　创建剪贴图层

步骤 14 打开素材"小图标"文件(附赠光盘教学模块 9/素材/小图标.jpg),如图 9-2-23 所示。使用"魔棒工具" 将每个小图标抠出,去掉背景,拷贝到"出版社封面"文件中,调整大小放置在"F"图形周围,如图 9-2-24 所示。

图 9-2-23 "小图标"文件

图 9-2-24 调整小图标位置

步骤 15 新建图层,右击文字工具 T ,选择"横排文字工具" T ,在画面左侧封底的位置输入文字"新世纪高职高专教材编审委员会"等文字,调整字体大小和位置,字体为"黑体","字号"为 18 点,如图 9-2-25 所示。

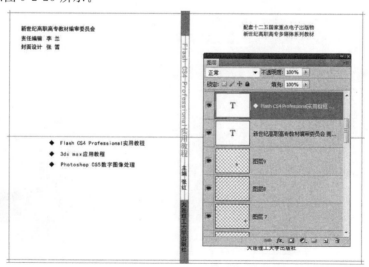

图 9-2-25 输入封底文字

步骤 16 打开素材文件"油彩"(附赠光盘教学模块 9/素材/油彩.jpg),如图 9-2-26 所示。使用"魔棒工具"![魔棒]去掉背景,拷贝到当前文件中,调整大小放置在封底中间位置,复制油彩图层,用"编辑"→"变换"→"垂直翻转"翻转图形,并添加蒙版,单击"渐变工具"![渐变],选择黑色到透明的渐变,在蒙版中绘制黑色到透明的渐变,如图 9-2-27 所示。

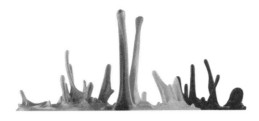

图 9-2-26 "油彩"文件

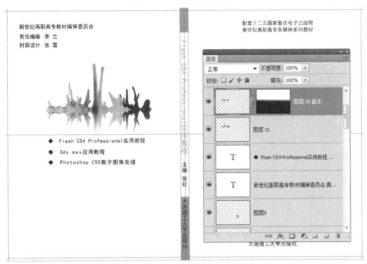

图 9-2-27 翻转"油彩"副本

步骤 17 打开素材"条形码"(附赠光盘教学模块 9/素材/条形码.jpg),如图 9-2-28 所示。拷贝到"出版社封面"文件中左下角位置即可,输入定价,如图 9-2-29 所示。

图 9-2-28 条形码

图 9-2-29 封底效果

经验指导

① 书籍设计概念

书籍装帧是指开本、字体、版面、插图、封面、护封以及纸张、印刷、装订和材料的事先的艺术设计。

② 书籍设计的任务

书籍设计的任务是要恰当而有效地表现书籍内容。要考虑到读者对象的年龄、职业、文化程度、民族地区的不同需要和使用方便，照顾他们的审美水平和欣赏习惯。

③ 书籍护封的结构

书籍护封一般由封面、书脊、封底、勒口组成，如图 9-2-30 所示。比较考究的平装书，一般会在前封和后封的外切口处，留有一定尺寸的封面纸向里转折，一般为 5～10 cm。前封翻口处称为前勒口，后封翻口处称为后勒口。

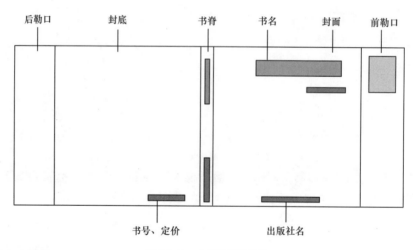

图 9-2-30　书籍护封的结构

④ 评价标准

设计要根据书籍的内容和风格，要简洁大方，具有时代感，形式美感强，视觉冲击力强。

项目3　折页广告设计

 项目目标：

利用 Photoshop 的图像处理等功能完成折页广告设计。

微课33

折页广告设计

项目说明：

　　本实训"折页广告设计"效果是由正反面两页内容组成，其中有图像、文字、图形，如图 9-3-1、图 9-3-2 所示。从画面中将看到：蓝色简约的线条，丰富的图片，整齐的版式给人带来轻松、愉快的感觉效果，能有效传达文字信息。

图 9-3-1　折页广告设计正面展开图效果

图 9-3-2　折页广告设计反面展开图效果

完成过程

步骤 1　新建一个名为"折页广告设计（正面）"的文件，尺寸为 296 毫米×266 毫米，分辨率为 300 像素/英寸，颜色模式为 CMYK，如图 9-3-3 所示。

步骤 2　设置水平参考线在画面中心，将画面一分为二，并设置出血线，如图 9-3-4 所示。

图 9-3-3　新建"折页广告设计（正面）"文件　　　　　　图 9-3-4　设置参考线

步骤 3　新建图层 1，单击"矩形选框工具" ，创建矩形选区，填充颜色为 CMYK(93,74, 38,2)，如图 9-3-5 所示。

步骤 4　新建图层 2，单击"椭圆选框工具" ，创建椭圆选区，填充颜色为 CMYK(81,33, 38,0)，将多余部分删除，如图 9-3-6 所示。

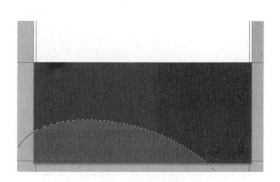

图 9-3-5　创建图层 1 矩形选区　　　　　　　图 9-3-6　创建图层 2 椭圆选区

步骤 5　新建图层 3，单击"椭圆选框工具" ，创建椭圆选区，填充颜色为 CMYK(74,16, 84,0)，再创建一个椭圆选区，调整其大小和方向，将两者重叠部分删除，如图 9-3-7、图 9-3-8 所示。

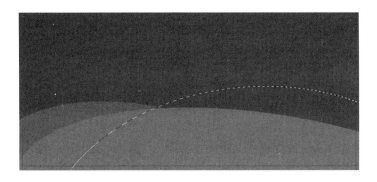

图 9-3-7　创建图层 3 椭圆选区

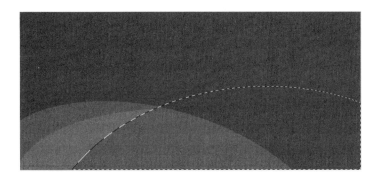

图 9-3-8　删除重叠部分

步骤 6　新建图层 4，单击"椭圆选框工具"，创建椭圆选区，填充颜色为 CMYK(79,41,16,0)，调整其位置，将多余部分删除，如图 9-3-9 所示。

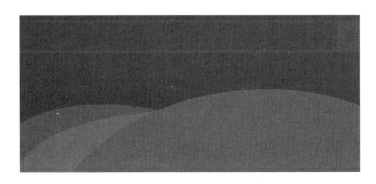

图 9-3-9　填充图层 4 椭圆选区

步骤 7　新建图层 5，单击"椭圆选框工具"，创建椭圆选区，填充颜色为 CMYK(85,54,26,0)，调整其位置，将多余部分删除，"不透明度"设置为 62%。再将图层 5 移置图层 1 上方，如图 9-3-10 所示。

图 9-3-10　图层 5 不透明度设置

步骤 8　再将图层 2"不透明度"改为 90%,将图层 4"不透明度"改为 50%,如图 9-3-11 所示。

图 9-3-11　改变图层 2 和图层 4 不透明度

步骤 9　右击文字工具T,选择"横排文字工具"T,输入文字"艺术设计系",字体为"方正姚体","字号"为 30 点,再输入"招生简章",字体为"隶书","字号"为 24 点。再输入"石家庄职业技术学院",字体为"黑体","字号"为 14 点,颜色为白色,并使用"直线工具"画上竖线,如图 9-3-12 所示。

图 9-3-12　输入文字

步骤 10　打开素材"标志"文件(附赠光盘教学模块 9/素材/标志.jpg),如图 9-3-13 所示。使用"魔棒工具"去掉蓝色背景,拷贝到"折页广告设计"文件中。调整大小,放置在相应位置。右击文字工具T,选择"横排文字工具"T,输入文字"网址""电话"等文字,字体为"宋体","字号"为 9 点,如图 9-3-14 所示。

图 9-3-13　标志

图 9-3-14 输入网址

步骤 11 选择"图像"→"旋转"→"180 度"命令，将图像倒置，如图 9-3-15 所示。

步骤 12 新建图层，单击"矩形选框工具" ▣创建矩形选区，填充色为 CMYK(10,56,85,0)，用"多边形套索工具" ◹在矩形右边创建三角形选区，删除部分图形，如图 9-3-16 所示。

图 9-3-15 旋转图像

图 9-3-16 创建多边形

步骤 13 新建图层，前景色设置为白色，单击"自定形状工具" ✿，设置部分属性，如图 9-3-17 所示。在上一步所做的多边形上绘制出自定义图形，并输入文字"广告设计与制作"，字体为"黑体"，"字号"为 16 点，白色，如图 9-3-18 所示。

图 9-3-17 设置部分属性

图 9-3-18　输入文字

步骤 14　打开素材 Word 文件，复制"广告设计与制作"段落文字，右击文字工具 T，选择"横排文字工具" T，拖曳出文本框，将"教学特色…"等文字粘贴到文本框中，正文设置字体为"宋体"，"字号"为 12 点，黑色。小标题字体为"黑体、加粗"，"字号"为 12 点，如图 9-3-19 所示。

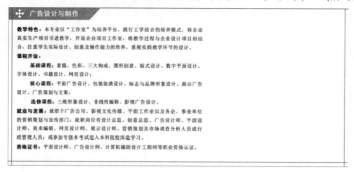

图 9-3-19　排列文本

步骤 15　打开素材"折页 1""折页 2""环保招贴设计""牛奶包装设计""logo"等文件（附赠光盘教学模块 9/素材/相应文件名），拷贝到当前文件中，调整大小，放置在画面合适位置，如图 9-3-20 所示。

图 9-3-20　拷贝图片

步骤 16　新建一个名为"折页广告设计反面"的文件，尺寸为 296 毫米×266 毫米，分辨率为 300 像素/英寸，颜色模式为 CMYK，如图 9-3-21 所示。

步骤 17　设置水平参考线在画面中间，并设置出血线，如图 9-3-22 所示。

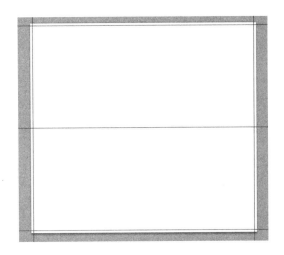

图 9-3-21　新建"折页广告设计（反面）"文件　　　　　图 9-3-22　设置参考线

　　步骤 18　打开素材"舞者"文件（附赠光盘教学模块 9/素材/舞者.jpg），如图 9-3-23 所示。使用"魔棒工具" 去掉背景，拷贝到"折页广告设计反面"的文件中，填充黑色，调整大小，放置在画面左上角。打开"折页广告设计（正面）"的文件，复制其中橘黄色色条和自定义图形，粘贴至"折页广告设计（反面）"文件中左上角，色条填充黑色。右击文字工具 ，选择"横排文字工具" 并输入文字"艺术设计系"，字体为"黑体"，"字号"为 16 点，如图 9-3-24 所示。

图 9-3-23　舞者

图 9-3-24　加工素材

　　步骤 19　打开素材 Word 文件，复制"艺术设计系介绍"段落文字，右击文字工具 ，选择"横排文字工具" ，拖曳出文本框，将"艺术设计系介绍"等文字粘贴到文本框中，设置字体为

"宋体","字号"为 12 点,黑色。小标题字体为"黑体、加粗","字号"为 12 点,排列整齐,如图9-3-25 所示。

图 9-3-25　排列"艺术设计系介绍"文字

步骤 20　复制步骤 18 中黑色色条和自定形状工具,放置到画面参考中线下方,填充色条颜色为 CMYK(62,0,100,0),输入文字"装饰艺术设计",字体为"黑体","字号"为 16 点,白色,如图 9-3-26 所示。

图 9-3-26　复制图形

步骤 21　打开素材 Word 文件,复制"装饰艺术设计系"段落文字,右击文字工具▣,选择"横排文字工具"▣,拖曳出文本框,将"装饰艺术设计系"等文字粘贴到文本框中,正文设置字体为"宋体","字号"为 10 点,黑色。小标题字体为"黑体、加粗","字号"为 12 点,排列整齐,如图 9-3-27 所示。

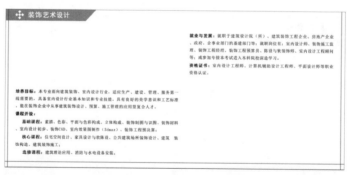

图 9-3-27　排列"装饰艺术设计系"文字

步骤 22　新建图层,单击"自定形状工具"，选择"圆角矩形工具"，设置部分属性,如图 9-3-28 所示。然后创建一个圆角矩形,调整大小放在合适位置,如图 9-3-29 所示。

图 9-3-28　设置圆角矩形工具部分属性

图 9-3-29　创建一个圆角矩形

步骤 23　打开素材"雅间"文件(附赠光盘教学模块 9/素材/雅间.jpg),拷贝到"折页广告设计(反面)"的文件中圆角矩形的图层上面,按住【Alt】键,鼠标放置到两个图层中间,创建剪贴图层,如图 9-3-30 所示。

图 9-3-30　创建剪贴图层

步骤 24　复制步骤 23 中圆角矩形的图层,打开素材"招生大厅"文件(附赠光盘教学模块 9/素材/招生大厅.jpg),用与步骤 23 同样的方法创建剪贴图层,如图 9-3-31 所示。

图 9-3-31　创建"招生大厅"剪贴图层

步骤 25　打开素材"装饰 1""装饰 2""装饰 3""装饰 4""装饰 5"文件(附赠光盘教学模块 9/素材/相应文件名),分别拷贝到"折页广告设计反面"的文件中,调整大小,裁剪多余部分,图层"不透明度"全部设置为 50％,放置到画面右下角,如图 9-3-32 所示。

图 9-3-32　排列图片

 经验指导

❶ 折页广告概念

折页设计一般分为两折页、三折页、四折页等,根据内容的多少来确定页数的多少。有的企业想让折页的设计出众,在表现形式上用模切、特殊工艺等来体现折页的独特性,进而增加消费者的印象。

折页广告是企业画册的形式之一,企业画册日益成为企业宣传和对外展示非常重要的道具之一,如果一个企业用单页说明书或大型说明书无法容纳复杂的广告内容时,就需要多页的宣传册子形式。这种页数多的小册子,在编辑方针上,必须要有一贯的内容,在布局及审美要求上,也要能发挥独特个性。它能提供读者知识,除能激起潜在顾客的行动外,还可用作参考资料,永久保存。

从传递信息的作用来说,宣传册应该真实地反映商品、劳务和形象信息等内容,清楚明了地介绍企业集团公司的风貌,商业贸易活动中的重要媒介,是生产厂家和经销商及消费者之间的媒介和桥梁。宣传卡具有针对性、独特生动和整体性的特点,为相关行业所广泛应用。

❷ 主要分类

(1)产品画册设计

产品画册的设计着重从产品本身的特点出发,分析出产品要表现的属性,运用恰当的表现形式、创意来体现产品的特点,这样才能增加消费者对产品的了解,进而增加产品的销售。

(2)企业画册设计

企业画册设计应该从企业自身的性质、文化、理念、地域等方面出发,来体现企业的精神。

(3)宣传画册设计 这类的画册设计根据用途不同,会采用相应的表现形式来体现此次宣传的目的。用途大致分为:展会宣传、终端宣传、新闻发布会宣传等。

(4)单页广告设计

单页的设计更注重设计的形式,在有限的空间表现出海量的内容,单页设计常见于产品单页的设计中。一般都采用正面是产品广告,背面是产品介绍。

❸ 评价标准

构思新颖,主题明确,宣传准确真实,介绍翔实仔细,印刷精美别致。

项目 4　包装装潢设计

 **项目目标：**

利用 Photoshop 的图像处理等功能完成包装装潢设计。

项目说明：

本实训"包装装潢设计"是为母亲节设计的一款巧克力包装盒，如图 9-4-1、图 9-4-2 所示。从画面中可以看到：巧克力色的底色，粉红的康乃馨，暖暖的问候，跳跃的心形和花朵形成温馨祥和的包装效果。

图 9-4-1　巧克力包装盒展开图效果

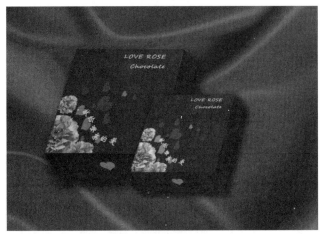

图 9-4-2　巧克力包装盒

完成过程

步骤 1　新建一个名为"巧克力包装设计"的文件,大小为 500 毫米×270 毫米,分辨率为 300 像素/英寸,颜色模式为 CMYK 颜色,如图 9-4-3 所示。

步骤 2　根据包装盒结构和尺寸,如图 9-4-4 所示,依次建立包装的每一个面(附赠光盘教学模块 9/素材/包装设计结构图.jpg)。

图 9-4-3　新建"巧克力包装设计"文件

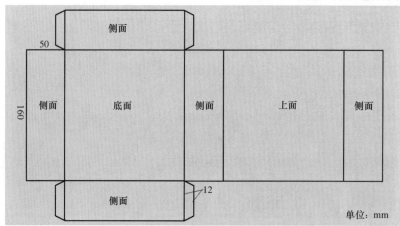

图 9-4-4　包装盒结构和尺寸

步骤 3　新建图层 1,用"矩形选框工具"创建包装盒的底面,尺寸为 160 mm×160 mm,填充颜色为 CMYK(59,89,100,51),如图 9-4-5 所示。

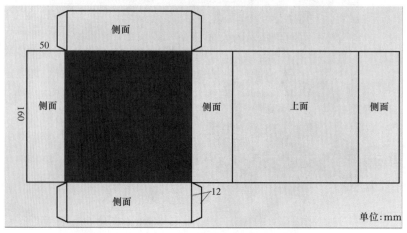

图 9-4-5　创建包装盒的底面

步骤 4　新建图层 2,用"矩形选框工具"□创建包装盒的侧面,尺寸为 50 mm×160 mm,与底面对齐,填充颜色为 CMYK(69,91,97,67),如图 9-4-6 所示。

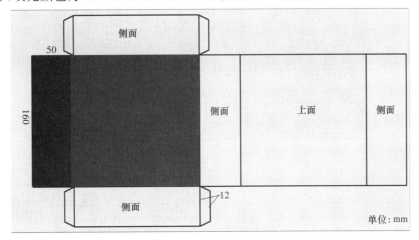

图 9-4-6　创建包装盒的侧面

步骤 5　用上述方法,依次做出其他几面。正面尺寸为 160 mm×160 mm,填充颜色为 CMYK(59,89,100,51),侧面尺寸为 50 mm×160 mm,填充颜色为 CMYK(69,91,97,67),如图 9-4-7 所示。

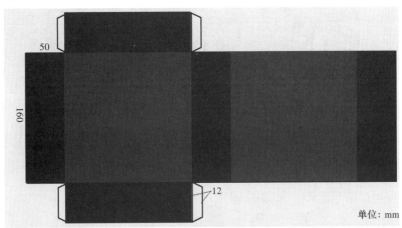

图 9-4-7　依次做出其他几个面

步骤 6　新建图层,打开素材"布纹"文件(教学模块 9/素材/布纹.jpg),如图 9-4-8 所示。拷贝到"巧克力包装设计"文件中,置于最底层,如图 9-4-9 所示。

图 9-4-8　布纹

图 9-4-9　拷贝底纹

步骤 7　在侧面加入包装盒的咬舌，用"矩形选框工具" ⬚进行绘制，尺寸为 12 mm×50 mm，填充白色，并用"编辑"→"变换"→"透视"命令将矩形变为梯形，如图 9-4-10 所示。

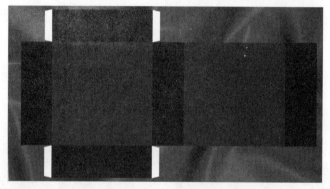

图 9-4-10　创建白色咬舌

步骤 8　打开素材"花纹"文件(附赠光盘教学模块 9/素材/花纹.jpg)，如图 9-4-11 所示。使用"魔棒工具" ⬚去掉背景，抠出花纹拷贝放置在包装盒底面位置，设置图层"填充"为 7%，如图 9-4-12 所示。

图 9-4-11　花纹

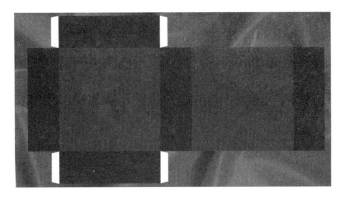

图 9-4-12　拷贝花纹

步骤 9　再复制"花纹"图层,将其放置在每个包装盒面上,删除多余部分,如图 9-4-13 所示。

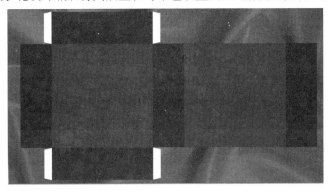

图 9-4-13　复制"花纹"图层

步骤 10　打开素材"康乃馨"文件(附赠光盘教学模块 9/素材/康乃馨.jpg),如图 9-4-14 所示。使用"魔棒工具" 去掉白色背景,拷贝到"巧克力包装设计"的文件,放置在包装盒上面的右下角,并复制几朵,调整大小,并将多余部分删除,如图 9-4-15 所示。

图 9-4-14　康乃馨

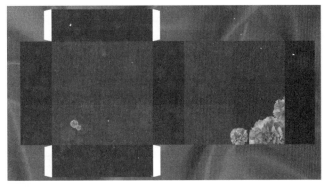

图 9-4-15　复制康乃馨

步骤 11　新建图层,选择前景色为 CMYK(1,65,36,0),单击"自定形状工具" ,选择"心形",设置参数如图 9-4-16 所示。将"心形"绘制并复制多个、调整大小放置在包装盒上面和底面,并调整其不透明度,如图 9-4-17 所示。

形状: 模式: 正常　　　不透明度: 100%　☑消除锯齿

图 9-4-16　设置参数

图 9-4-17　绘制并复制"心形"

步骤 12　单击"图像"→"图像旋转"→"90 度顺时针",右击文字工具 T ,选择"横排文字工具" T ,输入文字"LOVE　ENVOY　Chocolate",颜色为 CMYK($3,18,62,0$),字体为Magneto,"字号"为 24 点。单击"图层效果"按钮 fx,,调整图层效果,加入投影、内阴影,如图9-4-18、图 9-4-19 所示。

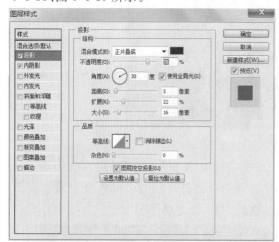

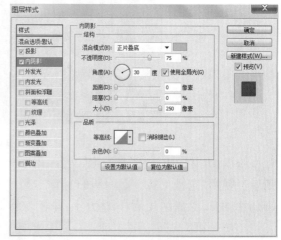

图 9-4-18　设置阴影

图 9-4-19　设置内投影

步骤 13　单击"钢笔工具" ,绘制一条曲线路径,如图 9-4-20 所示。

步骤 14　右击文字工具 T ,选择"横排文字工具" T ,将光标放在路径上,输入文字"献给母亲的爱",颜色为 CMYK($3,18,62,0$),字体为"华文新魏","字号"为 36 点。调整文字位置,如图 9-4-21 所示,最终效果见图 9-4-1。

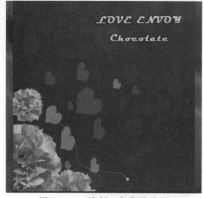

图 9-4-20　绘制一条曲线路径

图 9-4-21　输入路径文字

步骤 15　新建"巧克力包装立体效果"文件,利用自由变换、图层效果等工具制作巧克力包装立体效果见图 9-4-2。

经验指导

1 包装装潢

对某一产品包装总体的构思和设计,一般是指包装的造型、色彩、文字、版式、材料、图案等所组合的画面的总体设计。

2 包装的主要功能

(1)保护功能

包装设计最基本的功能就是能有效地保护商品,使商品免受外来物的侵袭和冲击,如运输过程中的震动、潮湿、化学物质、变形、损坏等。

(2)传递信息功能

信息的表达是由视觉形象体现的,成功的包装本身就是产品的形象。只有灵活的想象力和多方位的表现力,才能充分体现产品的品质与品位,使包装形象具有较强的识别力,进而唤起消费者的购买欲望。

(3)促销功能

包装具有传达销售信息的功能。包装中的商标、文字、图形等均能起到一定传达信息的作用,好的包装最重要的是可以传达信息,在美化商品的同时,促进商品销售,增加产品竞争力。

(4)便利功能

商品是直接到达消费者手里的,因此,它的造型结构要便于消费者的使用,它必须在生产、流通、仓储和使用环境方面具有宽广的弹性。

(5)环境保护功能

包装材料的使用、处理,同环境保护有密切关系。包装材料应该选用可以回收处理、加工,能够再次使用的材料。

3 评价标准

构思新颖,便于运输,结构合理,具有亲和力,印刷精美。

参 考 文 献

[1] 洪光,赵倬.Photoshop CS4 实用案例教程[M].大连:大连理工大学出版社,2012.

[2] 李金明,李金荣.中文版 Photoshop CS5 完全自学教程[M].北京:人民邮电出版社,2010.

[3] 李征.最新中文 Photoshop 精品教程[M].石家庄:河北科学技术出版社,2007.

[4] 曾宽,潘擎.抠图＋修图＋调色＋合成＋特效 Photoshop 核心应用 5 项修炼[M].北京:人民邮电出版社,2013.

[5] 思维数码.中文版 Photoshop CS5 应用大全[M].北京:兵器工业出版社;北京希望电子出版社,2011.

[6] 罗二平.Photoshop 实训教程[M].北京:兵器工业出版社,2011.

[7] 曹猛.Photoshop CS6 技术精粹与平面广告设计[M].北京:中国青年出版社,2012.